高等院校
艺术设计精品
系列教材

书籍装帧设计

BOOK DESIGN—MICROLESSON

微课版

王旭玮◎主编

人民邮电出版社
北京

图书在版编目（CIP）数据

书籍装帧设计 ： 微课版 / 王旭玮主编. -- 北京 ：
人民邮电出版社, 2024.4
高等院校艺术设计精品系列教材
ISBN 978-7-115-63761-1

Ⅰ. ①书… Ⅱ. ①王… Ⅲ. ①书籍装帧－设计－高等
学校－教材 Ⅳ. ①TS881

中国国家版本馆CIP数据核字(2024)第035919号

内 容 提 要

书籍装帧设计涉及图书从文稿定型到成书出版的整个过程，是对专业理论、创意思维、艺术审美、设计软件等的综合运用。本书理论与实践并行，力求做到文化、艺术和专业的巧妙融合，先在理论篇详细介绍书籍装帧设计的相关概念、设计要素、整体设计、版式设计和封面创意，再通过实践篇的三个项目（科技类图书、文艺类图书、儿童读物）着重讲解书籍装帧设计的思路和流程，帮助读者更好地体会、理解和掌握书籍装帧设计的技巧。

本书采用“项目一任务”式结构，知识全面，内容丰富，并配有微课扩展内容，具有较强的实用性。

本书可作为高等院校设计类专业的专业课教材，也可作为相关设计领域的初学者的自学参考书。

◆ 主　　编　王旭玮
　责任编辑　王亚娜
　责任印制　王　郁　焦志炜
◆ 人民邮电出版社出版发行　　北京市丰台区成寿寺路 11 号
　邮编　100164　　电子邮件　315@ptpress.com.cn
　网址　https://www.ptpress.com.cn
　临西县阅读时光印刷有限公司印刷
◆ 开本：787×1092　1/16
　印张：13.5　　2024 年 4 月第 1 版
　字数：245 千字　　2025 年 1 月河北第 2 次印刷

定价：69.80 元

读者服务热线：(010)81055256　印装质量热线：(010)81055316
反盗版热线：(010)81055315
广告经营许可证：京东市监广登字 20170147 号

PREFACE

前言

书籍是人类文明的重要载体之一。为了更精确地表达书籍的内容与特色、赋予书籍更高的实用价值和审美价值，书籍装帧设计越来越受人们重视，市场对高质量的书籍装帧设计人才的需求也越来越大。

"书籍装帧设计"是一门现代的设计基础课程，其任务是培养学生对书籍装帧设计的思维能力、分析能力和实践能力。通过对书籍装帧设计方法的学习与实践练习，学生能够灵活运用书籍装帧设计知识，培养书籍装帧创新思维，并进一步通过设计提升文化艺术素养和审美水平。

本书贯彻党的二十大精神，以落实立德树人的根本任务，根据设计类相关专业的基础教学需要，在介绍理论知识的同时，融入大量的案例分析和实践练习，以帮助学生掌握设计的基本形式、规律与方法，培养学生的设计思维、美学素养、审美能力、设计能力和创新能力。本书内容框架安排如下。

（1）知识体系

本书分为理论篇和实践篇两个部分，力求将基础性、艺术性和实用性有机结合。在理论篇中，先让学生了解书籍装帧设计的基本概念、历史演变、基本原则和常用软件；再详细讲解文字、插图、色彩、图形四大书籍装帧设计要素；接着系统性地讲解书籍装帧整体设计，包括开本、印刷材料、印刷加工工艺、装订等专业知识，以及外部结构与内部结构的具体设计方法；最后深入讲解书籍装帧版式设计和书籍装帧封面创意。在实践篇中，通过模拟工作中真实的设计项目，以"项目描述—项目目标—知识准备—项目实施—项目实训—知识拓展"的方式，详细、生动地为学生讲解科技类、文艺类、儿童读物类书籍装帧设计的要领，引导学生独立进行应用实践，使学生掌握书籍装帧设计的理论知识和设计方法，并激发学生对书籍装帧设计应用及当代艺术发展深入思考。此外，本书包含大量的书籍装帧设计案例，让读者在鉴赏国内外优秀书籍装帧设计作品的同时，提升书籍装帧设计能力，培养国际视野，提高跨文化交流能力，坚定对我国传统文化、传统价值体系的文化自信，用审美的眼光、独特的视角去感知生活，并将书籍装帧设计思维融入学习和生活，从而不断地培养与提升创新设计能力。

（2）内容板块

本书注重书籍装帧设计的实践训练，设计了"案例设计""技能练习""任务实践""知识拓展"板块，目的在于提升学生的设计能力与设计素养。其中，"案例设计"板块穿插在知识讲解中，让学生能通过案例快速理解重点知识；"技能练习"板块安排在节末，让学生在理解和掌握本节知识的基础上，进一步做书籍装帧设计的练习；"任务实践"板块中的每个任务按照"任务背景—任务目标—设计思路—任务实施"的方式分步教学，让学生灵活地将本项目所学知识与设计技巧运用到创作中；"知识拓展"板块用于拓展和延伸专业设计知识，潜移默化地培养学生的设计思维。

（3）拓展栏目

书籍装帧设计的教学目标之一是提高学生的设计能力和设计素养。为此，本书在知识讲解中穿插了"设计讲堂""分享・感悟"和"名家品读"栏目。其中，"设计讲堂"栏目用于介绍设计理念、素养和设计专业知识，"分享・感悟"栏目用于分享具有代表性的设计元素和文化，"名家品读"栏目主要介绍各设计领域的名家及其创作思想与作品特点。

（4）配套资源

为了便于教师开展教学活动，本书配有丰富的教学资源，包括PPT课件、教学大纲、教案、设计素材等，教师可以访问人邮教育社区（https://www.ryjiaoyu.com/），搜索本书书名免费下载。

本书由王旭玮主编。感谢成都金字文化传播有限公司为本书提供的丰富案例资源。由于编者水平有限，书中难免存在不足之处，敬请广大读者批评指正。

编者

2023年11月

CONTENTS

目录

理论篇

目录

CONTENTS

CONTENTS

目录

目录

CONTENTS

实践篇

理论篇

01

项目1 走进书籍装帧设计世界

书籍是人们进行思想交流和文化传播的重要载体，承载着古今中外的文化积累和人们的智慧结晶。书籍是商品，更是文化品和艺术品。从文稿到成书，从内部结构到外部结构，从文字内容到视觉艺术，从阅读体验到审美享受，都与书籍装帧设计息息相关。书籍装帧设计是一个综合性设计领域，设计师只有深入了解书籍装帧设计的原理和方法，具备扎实的专业知识，并不断积累实践经验，才能提高设计能力，提升书籍装帧设计专业素养。

装订书籍，不在华美饰观，而要护帙有道，款式古雅，厚薄得宜，精致端正，方为第一。

——孙从添（清）

学习目标

1 了解书籍装帧设计的基本概念。

2 了解书籍装帧设计的历史演变。

3 掌握书籍装帧设计的基本原则。

4 熟悉书籍装帧设计的常用软件。

素养目标

1 开阔视野，从国内外书籍装帧设计历史中汲取精华。

2 树立正确的书籍装帧设计职业目标，提升分析与理解能力。

3 了解传统文化，发扬中国传统风格书籍装帧美学，增强文化自信。

课前讨论

1 我们日常接触到的书籍涵盖我们学习与生活的方方面面，种类丰富。请列举你所喜欢的一本书，并回顾它的装帧设计，分析其视觉元素和版式规律。

2 打开线上书籍销售网站，浏览最近的热卖书籍，观察这些书籍的装帧设计风格，从中挑选出几本你觉得设计合理、美观的图书，并说明具体原因。

知识分解

扫一扫

知识1.1 书籍装帧设计的基本概念

知识1.1 书籍装帧设计的基本概念

我国的书籍设计大师宁成春说过，设计师是用情感和共鸣来打动读者的。书籍设计中，应该淡化设计师个人的风格，强调书本身的个性。不同的书有不同的形态，不同内容的书有不同的处理手段，一定要多样化，不要强调共性。对设计师来说，书籍装帧设计的学习之旅是从认识书籍装帧设计的相关概念开始的。

1.1.1 书籍的含义和结构

从古至今，书籍都是人们获取知识的重要载体，它记载着事件、思想、经验、理论、技能、知识等丰富的内容。在古代，书籍也称典籍或载籍；在现代，书籍的含义有所延伸，它是装订成册的著作的总称，是指以承载信息为目的，通过文字、图像或其他视觉符号，在一定的材料上记录各种知识、清楚地表达思想，并且制成卷册的著作物载体。

▲ 各种类型的书籍

现代书籍不仅包括艺术、文学、科技等不同类型的书籍，还包括纪念图册、邮册、产品图册、企业宣传图册、纸品与印刷样册等类型的印刷书册。

书籍有很多页，其整体结构丰富且严谨。制作工艺简单的平装书，其结构通常包括封面、封底、书脊、扉页、版权页、前言页、目录页、正文等。制作工艺精良的精装书的结构，可能还增加了护封、勒口、腰封、环衬页、书签带等。

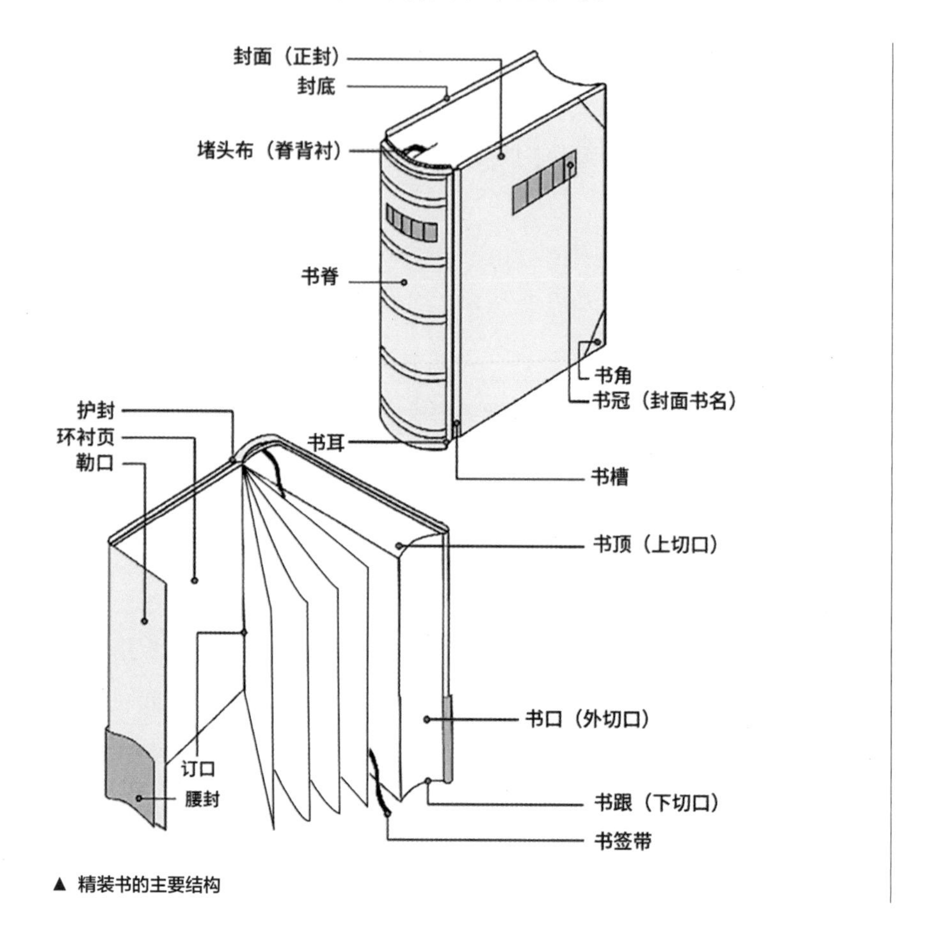

▲ 精装书的主要结构

我们可以拿出一本精装书，从前往后翻阅，以此来简单认识书籍的基本结构：书籍最外面是函套（部分精装书才有函套），函套即封套或书套，是把书籍放进一个厚纸板做的书函，用于保护书籍；然后是护封，护封里面是封面（正封），打开封面可以看到前环衬页；往后翻可以依次看到扉页、版权页、前言页、目录页；再往后翻可以看到内文页，包括篇章页、正文页；书籍的最后是后环衬页、封底等。

1.1.2 书籍装帧设计的含义

从历史发展的角度来看，书籍是先有“装帧”，后有“设计”的。“装”的原意为“对书画、书刊的装潢、装裱、装订”，“帧”原是关于字、画的量词，相当于“幅”。书籍设计一直都与装帧密切相关，人们习惯使用“书籍装帧”这个词。但如今，书籍设计已不能仅仅用“装帧”的原意来概括。我国著名的装帧教育家邱陵曾经提出，人们对书籍装帧有很多误解，多数人以为装帧设计就是封面、护封、插图设计。封面和插图对书籍装帧固然是重要的，但它并不是装帧的全部，也不能概括“装帧”。装帧包括具象部分，如插图和封面；也有一部分非具象的，如文字、排版、质感、肌理、色彩布局等。这些集合起来，才构成一本书总体的装帧设计。

综上所述，现代书籍装帧设计涵盖从书籍文稿到成书出版的整个过程，包含的环节很多，如选择开本、装帧形式、纸张材料，设计封面、腰封、字体、版式、色彩、插图，以及印刷、装订等，并且各个环节之间相互连接、密切相关。书籍装帧设计需要围绕书籍主题来整合形式与内容，可以说是一种从前到后的系统性设计，也是由内至外的整体规划性设计。

1.1.3 书籍装帧设计的功能

书籍装帧设计本身应具备与读者交流和互动的功能。归纳起来，书籍装帧设计具有以下 4 种功能。

- 具有承载信息的基本功能。书籍是为了适应人类需要而产生的信息载体，因此承载文字、图片等信息是书籍装帧设计的基本功能，合适的书籍装帧设计可以使书籍载录得体、方便阅读，有利于知识的传播。
- 具有保护书籍的实用功能。书籍在翻阅、运输、储存的过程中难免遭到损坏，因此书籍装帧设计需起到保护书籍、延长书籍使用寿命的作用。起初为了保护书籍正文，出现了封面、封底、扉页等结构；后来精美的封面也让人不忍损坏，人们开始使用护封；随着时代发展，书籍装帧设计更加考究，开始出现类似产品包装的盒状保护层，即书籍的函套，函套除了具有保护书籍的作用，也起到一定的装饰和宣传作用。
- 具有美化书籍的艺术功能。在书籍装帧设计中，精致设计与编排图形、文字等视觉元素，严格考究材料、结构、工艺，融入个性与创新思维，可以使书籍更具艺术感染力与吸引力，营造良好的阅读氛围，从而使读者在视觉享受中沉浸于阅读，对书籍内容产生美好的联想。
- 具有促进销售的经济功能。在复杂的市场竞争中，要使书籍脱颖而出、抓住读者的视线，很大程度上依靠书籍外观。这便要求设计师求新求异，设计出使读者眼前一亮的书籍外观。此外，精心设计书籍各部分的细节与附属品（如腰封、书签、明信片等），也能增加书籍的附加值，加强书籍的市场竞争力。

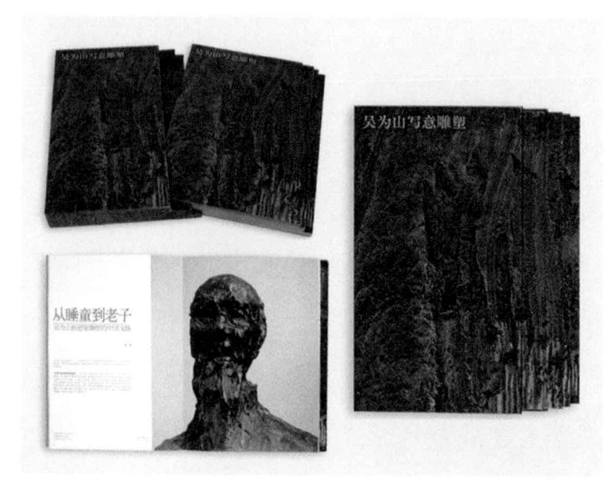

▲《吴为山雕塑·绘画》《吴为山写意雕塑》/设计：速泰熙

《吴为山雕塑·绘画》装帧设计使用了中国传统的线装手法，又与古代线装不同：把线分成三组，每组线都正好形成了吴为山的“山”字；中间的线是铜线，体现了雕塑铜的质感；两边的线是丝线，与绘画的特质相通。在《吴为山写意雕塑》装帧设计中，设计师吸收了吴为山“写意雕塑”的艺术语言，把书装订成“一层层如刀劈斧削一般”，切口全部喷古铜色，封面、封底、书脊全部从吴为山的雕塑作品斑驳的青铜肌理中寻找底纹。

名家品读

速泰熙

速泰熙，我国著名书籍装帧艺术家，中国美术家学会会员，中国书籍装帧艺术研究会会员。1986年起专业从事书籍设计，1999年被评为“建国50年来产生影响的十位装帧家”之一，2011年被选为第二届“南京文化名人”之一。速泰熙首次提出“书籍设计是书的第二文化主体”“创·可·贴——书籍设计的标准”“有根的现代”等设计理论。

速泰熙的书籍设计作品《吴为山雕塑·绘画》《吴为山写意雕塑》《雕塑的诗性》等9种获“中国最美的书”称号。速泰熙三任该活动评委，多次获全国书籍设计展金银奖。速泰熙除了在书籍装帧上有着不凡的造诣，他还为多家出版社创作了两千余幅儿童读物画，被收入《儿童画十家》一书；其设计的许多动画片造型也获奖不断，广受好评，其中“大耳朵图图”更是深入人心。

扫一扫

图片：速泰熙作品赏析

技能练习

通过网络搜集与书籍装帧设计相关的图书的图片，或前往书店、图书馆等场所进行挑选，选择至少10张你认为美观、有创意的书籍装帧设计图片，分析其艺术美感和实用性，从而锻炼自己的资料搜集能力，并提升分析与鉴赏能力。

知识1.2 书籍装帧设计的历史演变

知识1.2 书籍装帧设计的历史演变

多年以来，不同时代和地域发展出了多种书籍装帧设计形式和风格，值得现代设计师学习和借鉴。

1.2.1 国内书籍装帧设计的起源与发展

我国是四大文明古国之一，拥有源远流长的历史文化。其中书籍装帧设计随着时代变迁和技术革新，也经历了奇妙的演变。

1. 刻写时代

文字是书籍产生的基本条件。最早文字在我国出现时，人们采用刻写的方式来记录事件，形成了具有某种共性的文字记录或档案材料，包括龟册、玉版等，这可以说是书籍的初始形态。

（1）龟册

龟册是我国早期文献形式之一，是指成册的甲骨（龟甲和兽骨）。我国最早的文字——甲骨文就被记载在甲骨之上。

▲ 龟册

（2）玉版

玉版又称“玉板”，是古代用于刻写文字的玉片。《韩非子·喻老》中记有“周有玉版”；经过考古也发现，在周朝，人们会采用玉石刻录文字。但由于这种材料昂贵，只有王公贵族才能使用，所以这类玉版并不多见。后来发展到先秦，人们也会使用毛笔在玉版上书写进行记录。

2. 简帛时代

《墨子·兼爱下》有“以其所书于竹帛”的记录，《说文解字》也提到“著于竹帛谓之书”。竹简和绢帛是我国古人在纸张未普及时期采用的主要书写载体，其数量庞大、内容丰富，年代涵盖战国至魏晋时期，尤以秦汉时代的简帛数量为最多，内容包括公私文书和典籍，为后人提供了许多珍贵史料。

▲《侯马盟书》玉版

（1）简策

简策是我国古代最具有代表性的书籍形式之一，也是我国最早具有书籍形态的装帧形式之一。“简”即竹简，“策”同现在的“册”。简策就是把形态规整的、已刻写有文字的竹片串连成册，并将其从后向前卷起收纳。简策最前面的一片竹简的反面通常会刻写书名，卷起后便是简策的封面。

▲《永元器物簿》简策

在造纸术出现之前，这种竹木的刻写形式成本较低，因此长期被广泛使用。但这种书籍形式在实际使用中存在较多问题，如体积庞大且较重，书籍不便携带、不便收藏，以及串连简策的绳子在长期的使用中极易断开，导致出现“错简”（内容顺序颠倒）现象等，所以后来人们一直在寻找新的书籍材料，探索新的书籍形式。

（2）帛书

帛书以白色绢帛为书写载体，可折叠存放，也可卷成帛卷存放。帛卷与简策具有相同之处，它们都能以卷装形式收藏，展开时形似长卷。但也有不同之处，如在重量方面，白色绢帛属于纺织品，重量较轻。因此，帛书比简策更便于携带和收藏。在书写方面，帛书可以根据书写内容的长短自由裁剪，因此也更为方便。然而，在当时帛书材料的成本高、产量少，一般只有贵族才能使用。

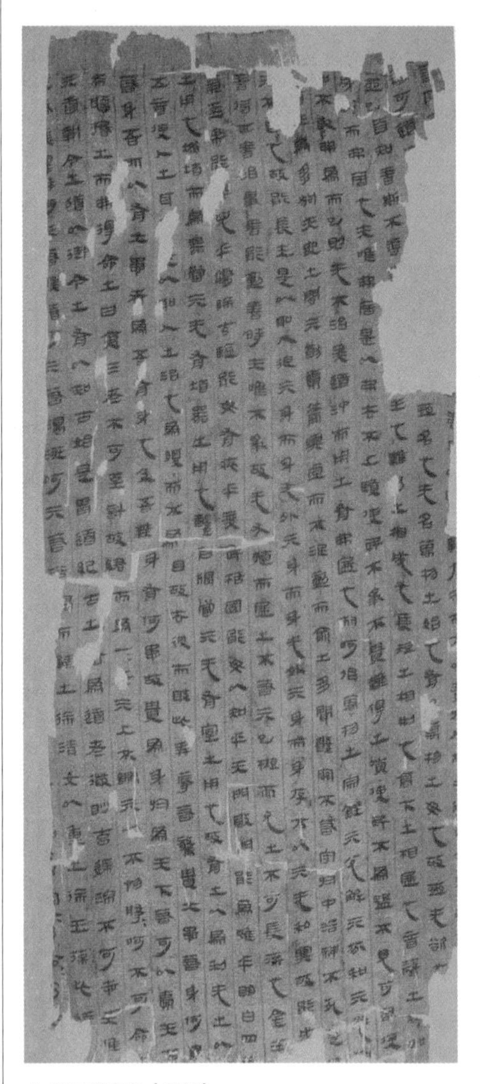

▲ 马王堆帛书（局部）

3. 纸张时代

我国的书籍装帧技术因汉代造纸术的出现步入崭新的时代，又因隋唐初期雕版印刷术的出现得到了快速普及与发展。因为纸张具有方便使用、加工工艺简单、成本较低的特点，所以纸张时代一直延续至今。在这期间，书籍装帧设计逐渐开始融入绘画装饰，越来越追求艺术价值，也发展出了不同的形态。

（1）卷轴装

纸张刚出现时，人们采用的仍是卷装形式，只是变成了在纸张上书写，然后以卷轴形式卷装成册。卷轴装由卷、轴、轴头、褾、带组成，末端大多粘在刷漆的木轴上。

▲ 卷轴装

（2）经折装

经折装是书籍由卷装形式开始走向翻页形式的标志，也是我国书籍装帧史上向册页式书籍转化的过渡形态。这种装帧形态最早随佛教传入中国，因为书籍的内容多以经文为主，故被称为经折装。经折装书籍是将长卷的纸张反复折叠所形成的，最终折叠后的宽度只有几寸，长卷首尾的折页均固定在厚纸板上。经折装书籍的封面有两种形式，一种是封底、封面分开，另一种是封底、封面连接。由于具备了封面和封底，经折装已经接近现代书籍的装帧形态。

▲ 经折装

（3）旋风装

旋风装是卷轴装与经折装向现代书籍的册页式装帧形态转化的过渡形态。由于旋风装工艺复杂，所以只在唐代短暂使用过。旋风装书籍以一张长卷为底，将写好的书页依次粘贴在长卷上，书籍首页装裱在长卷右侧，第二页向左展开并固定在长卷上，其他书页在前面的书页下向左排列。在卷起时，旋风装与卷轴装基本相同，但旋风装可以承载更多的书籍内容，书卷更短，更便于阅读。《墨庄漫录》一书曾这样描绘旋风装的书籍："逐叶翻飞，展卷至末，仍合为一卷。"由于旋风装的书页如同鳞片一样，因此又被称为“龙鳞装”。

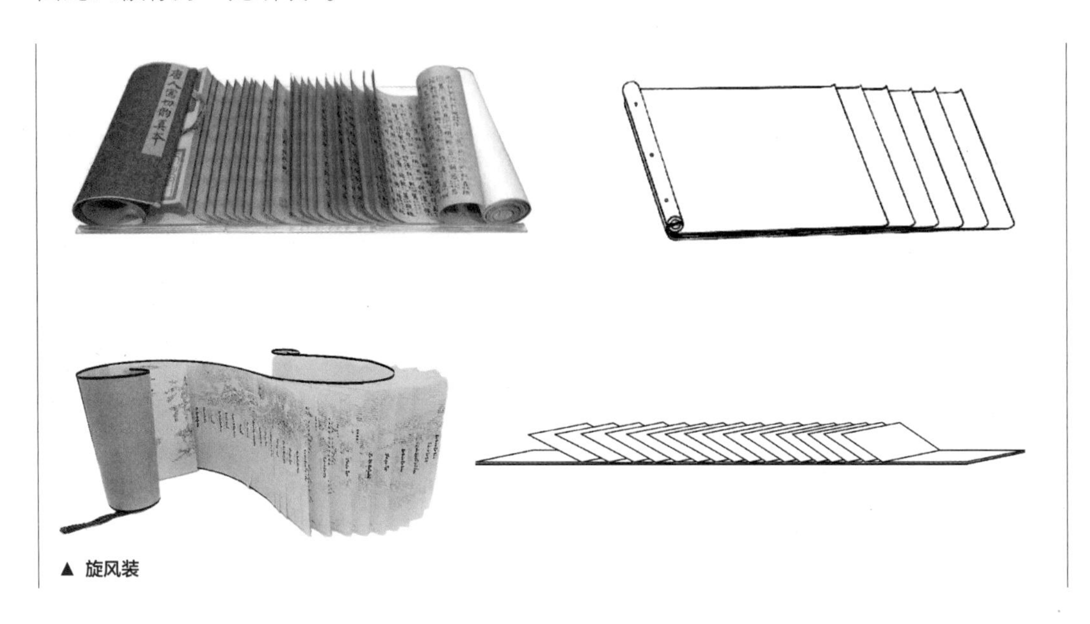

▲ 旋风装

（4）蝴蝶装

蝴蝶装标志着我国书籍形态正式进入册页式时代，其出现于唐代末期，盛行于宋元时期。为了适应当时的雕版印刷技术，人们将单面印刷好的书页，以中缝为准，纸面向里对折，依次排列成册，然后用粘胶将书页固定在包背式的封面上，这样的书页翻阅起来犹如蝴蝶的翅膀翻飞一般，因此被称为“蝴蝶装”。蝴蝶装虽然使书籍更便于收藏，但是需要人们在翻看时连翻两页，且无装订线，容易使粘连的书页脱落。

（5）包背装

包背装出现于南宋末期，人们将书页向外对折，折叠处为书口，用纸捻装订成册，再用一张纸绕书背粘贴，形成书籍的封面、封底。这种装帧形式是在蝴蝶装的基础上进行了改良，使人们翻阅书籍能更加连贯。

（6）线装

线装始于明代中叶，盛行于清代，是书籍装帧技术发展成熟的标志。当时的人们为了让书籍更加牢固，开始用线代替纸捻来装订书籍，并将单页的封面与封底分别固定在书籍的两面。线装书籍被人们长期使用，如今的一些古籍、字帖等仍采用这种装帧形态。由于线装书多采用较薄的纸张，书册比较柔软，因此后来又出现了专用于保护书籍的函套。

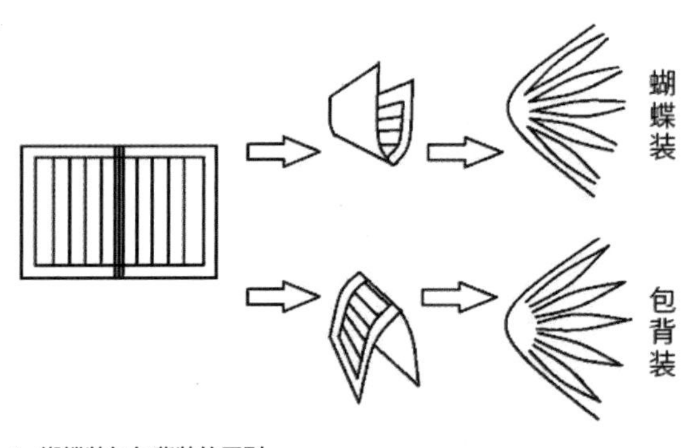

▲ 蝴蝶装与包背装的区别

▲ 线装书及其函套

1.2.2 国外书籍装帧设计的起源与发展

国外的书籍装帧设计同中国的书籍装帧设计一样，也经历了一个漫长的发展过程。西方各国书籍装帧设计的发展既有共同点，又因地域、文化和历史背景的不同而各具特色。

1. 原始时期

在西方，最原始的书籍形态脱胎于当时已有的物质材料，如石头、黏土、植物、羊皮、蜡版等，人们对其进行一番加工后刻上文字。

（1）泥板书

公元前4000年左右，美索不达米亚有了人类最早的楔形文字。起初，人们将文字刻在石头上，但因美索不达米亚的石头很少，且当地不生长纸草，于是人们便想到把文字写在由黏土制成的软泥板上，然后把泥板晒干或烘干，形成如同书页一样的字板，经过组合装入袋中或箱中长期保存。最初泥板书为两河流域苏美尔人所采用，后扩展到伊朗高原以西广大区域。用泥板书写和保留文字，成本低、查看方便、保存长久，但这种材质的书十分笨重，且不便于携带。

▲ 泥板书

（2）莎草书

公元前3000年左右，埃及人发明了象形文字。他们还采集生长在尼罗河流域的莎草，将莎草茎切成小薄片，放入两块木板中夹紧并拍打，然后将用于书写的一面在浮石上打磨，使之光滑。制作完后再把象形文字写在莎草纸上，并折叠成卷轴形态加以保存。但因为莎草纸是天然植物材料制成的，所以容易受潮和虫蛀，不易保存。

▲ 埃及莎草书

（3）羊皮书

羊皮书是用羊皮纸或羔皮纸作为书写载体制成的原始书籍之一，亦称羊皮文稿。公元前2世纪，由于埃及禁运莎草纸，柏加马人被迫转用羊皮纸和羔皮纸作为书写材料。这些材料的制作工艺复杂，但轻薄、结实，便于折叠、裁切、装订和搬运，传入欧洲后被广泛使用。起初羊皮书大部分是卷轴形式，但由于能够折叠和双面书写，后来羊皮书开始有册页式书籍的特征。在公元前4世纪，羊皮书取代了泥板书和莎草书，成为书籍的常用材料。

（4）蜡版书

蜡版书是古罗马人发明的一种书籍形态。人们将薄木板表面中央处掏空，槽内盛放黄色和黑色的蜡，在蜡未完全硬化之前书写文字，然后在板内侧上下两角凿孔，用绳将多块板串联起来，最前方和最后方的两块板上不涂蜡（用来保护内页），从而制成蜡版书。蜡版可以反复使用，只需将蜡版烤热，使蜡变软融化消除旧迹。但由于书写的字迹容易因摩擦而变得模糊，不便于保存和收藏，最终蜡版书被古抄本替代。

▲ 羊皮书

▲ 蜡版书

2. 古抄本时期

古抄本是具备现代书本形态的手抄本，主要指古代希腊、罗马的经典手稿本，大多用环连接两块或两块以上表面涂蜡的金属板、木板、象牙板，再用尖笔在上面刻写。公元前6世纪左右，鹅毛笔开始代替之前的芦苇笔成为新普及的书写工具。古抄本也多用质地柔软、更便于书写的羊皮纸。

在古抄本时期，宗教团体对文字和书籍的发展起到了重要作用。他们把文字和书籍看得相当神圣，把书籍看作神的精神容器，因此不惜成本地对古抄本加以修饰，包括添加彩绘、插图、花体文字和装饰纹样等；对封面也或多或少地添加了华丽的装饰，精美程度依据书籍内容的重要性而定。

同一时期，欧洲的许多国家先后出现了十分绚丽的古抄本，如哥特艺术风格的书籍。古抄本也开始出现大量的插图，当时常见的插图形式有花式首写字母、围绕文本的框饰、单幅的插图。与此同时，书籍的装帧艺术也得到了发展，封面开始兼具保护和装饰功能，一是用来保护内部的书页，二是提升书籍的视觉效果并起到加固的作用。此时的书籍封面通常在木板上加覆皮革、布、金属或其他适合的材料，有时还加上金属的角铁、搭扣，使之更加坚固；在布局方面也留有足够的空白部分，可供持有人发挥创意、添加装饰。

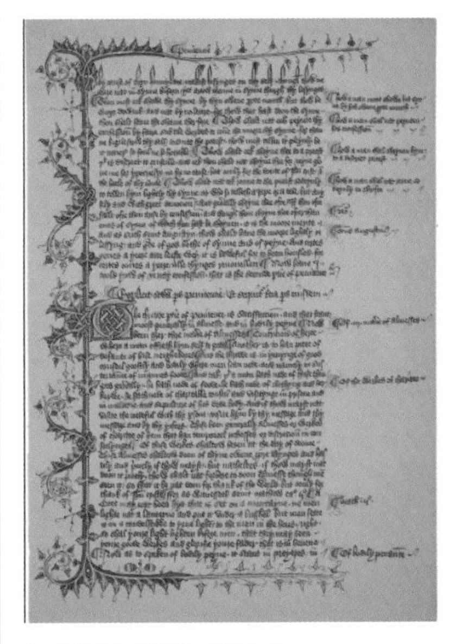

▲ 古抄本中的彩绘、花体文字

▲ 封面华丽、坚固的古抄本

3. 古腾堡时期

15世纪前后，欧洲的经济和文化开始迅速发展，当时的书籍形态已无法满足日益增长的社会需求。在德国美因茨地区，一位名叫约翰·古腾堡的人将当时欧洲已有的多项技术整合在一起，发明了西方活字印刷术（又称金属活字印刷术、铅活字印刷术），该技术很快在欧洲传播开来，推进了欧洲的印刷技术改革和印刷工业化。

古腾堡将胶泥木刻活字改良成金属活字、铅铸活字，同时发明了木质印刷机，大大提高了印刷的速度与质量。

4. 欧洲文艺复兴后

进入16世纪，世界各大艺术流派不断地兴起和发展，例如具有浓厚色彩的巴洛克主义、具有浪漫情调的洛可可艺术、具有自然情怀的古典主义等。崭新的艺术形式与法则、与众不同的材料、别致的工艺、各种形式与设计手法，纷纷被设计师们应用在了书籍装帧设计中，使书籍成为各种艺术流派最好的传播媒介之一。16世纪法国的书籍封面中已经出现了书名、短标题、印刷地址和出版时间等信息。到了18世纪，书籍已成为人们生活中必不可少的物品，使得当时在社会上涌现各种阅读热潮。18世纪末，三原色原理被发现，从此书籍开始出现印刷的彩色插图。

1.2.3 近现代书籍装帧设计的发展趋势

受到工业革命的影响、现代主义艺术思潮的冲击，以及新媒介、新技术的挑战，书籍装帧设计经历了重大变革，逐步走向多元化发展之路，呈现出无限可能。

1. 近现代书籍装帧设计的多元化发展

19世纪，工业革命的影响使印刷技术迅猛发展，书籍装帧变得商品化、工业化。受到现代主义思潮的冲击，艺术手段在书籍装帧中的应用也越来越丰富和方便，一场堪称“书籍设计的文艺复兴”的运动迅速影响了欧美各国的书籍装帧设计。在这场书籍装帧设计革新运动中，涌现出的众多流派都有各自的特点，同时各个流派又相互吸收借鉴，丰富了各国的书籍装帧设计方式。

▲
这是于1896年印刷的《吉奥弗雷·乔叟作品集》，威廉·莫里斯最杰出的书籍装帧设计作品之一。由莫里斯亲自设计艺术字体、边框、插图装饰框、印刷标志和版式，并由他的老朋友伯恩·琼斯配制插图。

名家品读

威廉·莫里斯

威廉·莫里斯（1834—1896年），19世纪设计师、诗人、作家、画家，被称为“现代书籍艺术的开拓者”。他领导的“工艺美术运动”带动了书籍装帧设计艺术革新的风潮，还建立了“凯姆斯科特”小印刷工厂来印刷书籍，并将金属活字、木刻插图和装饰混合使用。他注重扉页与篇章页的设计，喜欢采用工艺美术运动中典型的缠枝花草图案和精细的插图，为首写字母也设计了华丽的装饰。莫里斯的书籍装帧设计风格华丽典雅，画面非常饱满，且充斥着绚丽的色彩，具有强烈的装饰风格。

扫一扫

图片：威廉·莫里斯作品赏析

19世纪末至20世纪中叶，新的流派层出不穷，如超现实主义、后现代主义、构成主义、表现主义、达达主义、新客观主义等，共同推动了书籍装帧设计艺术的蓬勃发展。到了20世纪，东方的书籍装帧设计艺术潮流已与西方同步，书籍装帧进入现代时期，东方审美情趣随着西方的流行风格而变化，而西方的书籍装帧设计艺术也同样受到东方艺术风格的影响。

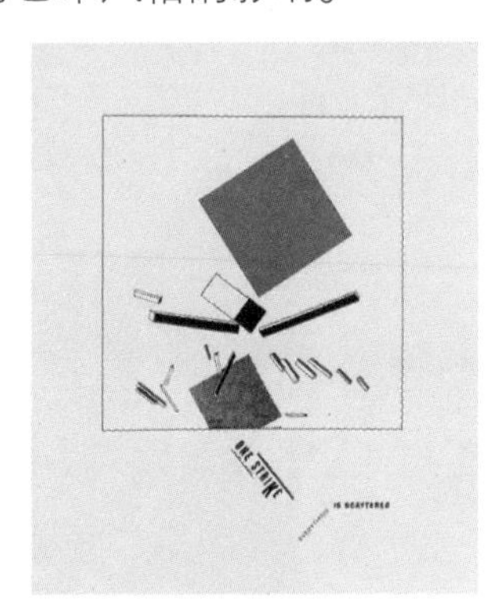

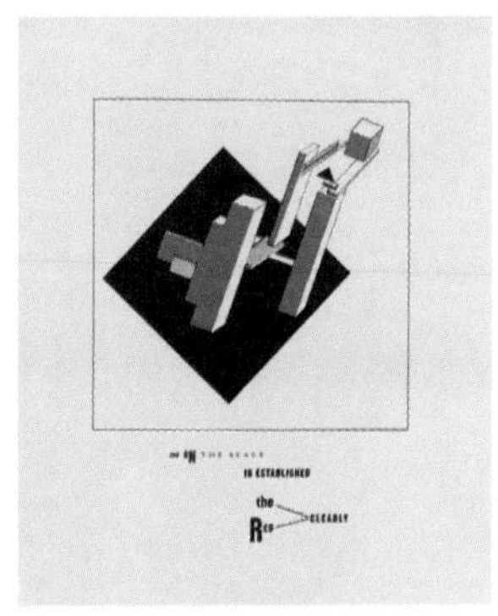

◀《两个方块》
设计：埃尔·利西茨基
这是第一本面向儿童的视觉书，给读者带来丰富的想象空间。利西茨基运用几何图形和纵横结构来进行场景搭建和装饰，具有强烈的构成主义特色。

▲《版面元素》/设计：扬·奇肖尔德

扬·奇肖尔德是新客观主义的代表人物，把俄国的构成主义与包豪斯设计风格相融合，采用绝不对称的原则，用块、面、线条分割版面，追求每一件设计都有独到之处，以及强调版面、内容、作者、读者之间的联系。

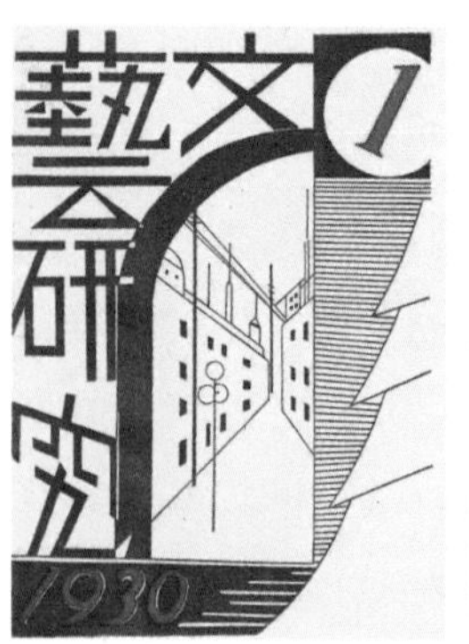

▲ 鲁迅设计的书籍封面

鲁迅是中国书籍艺术革新运动的前沿人物之一。他不仅是一位伟大的思想家、文学家，也是中国现代书籍艺术的引导者。他对中国传统书籍装帧形式和外国书籍装帧艺术的精华有着深厚研究，他设计的书籍封面既能把民族风格与时代特征融为一体，也能体现出书籍主题。

20世纪中叶以后，工业技术迅速发展，现代书籍的装帧技术与工艺批量化、机械化发展，计算机技术也进入书籍设计和印刷领域。受到新媒介、新技术的挑战，书籍装帧设计在形式、功能、材料上更趋于多元化，呈现出百花齐放的多元格局。例如，英国的书籍装帧一般比较简约、朴素、严谨、传统；美国的书籍装帧则豪华、气派、现代感强；法国的书籍装帧通常有人文精神渗透其中，又因受到绘画艺术的影响，具有华丽的特征；日本的书籍装帧一般小巧舒适，又讲究经济价值，有明显的东方气质；中国的书籍装帧通常更有浓厚的东方内涵，具有淡雅的特点。

2. 当代书籍装帧设计的无限可能

在当代书籍设计中，各种设计软件的辅助使设计师能自由地创造图形、处理图像、编排图文，使书籍装帧设计更加精美，具有更加丰富和美妙的视觉效果。同时，设计师需设计的书籍内容越来越多，封面、封底、扉页、目录、内文编排、插图等均是书籍设计的关键。设计师还需要注重阅读和视觉的整体体验设计，插图与内容和谐、统一。此外，设计师、书籍编辑、作者还会深入沟通，进行统筹规划，致力于达到书籍外观与内容的和谐统一效果。

随着21世纪互联网和移动通信技术的发展，书籍电子化的脚步加快，具有海量的信息存储空间、轻薄便携的阅读终端等的新设备接连涌现，预示着全新的阅读时代已经

▲◀ 电子书既继承了传统书籍功能，又摆脱了材料的束缚，成为全新的阅读媒介。

到来。同时，随着高科技的发展，一些新设备、新材料、新工艺也应运而生，能够满足人们日益变化的审美需求，为设计师提供更多选择，使设计师的发挥空间更加广阔，受到的限制越来越少，书籍创意更加大胆，设计形式更加新奇。如今，甚至出现了非常规书籍形态、颇具艺术性和前卫风格的概念书。

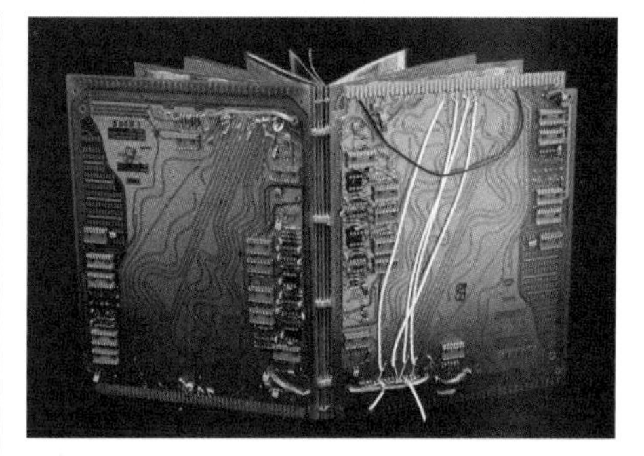

▲ 书籍创意

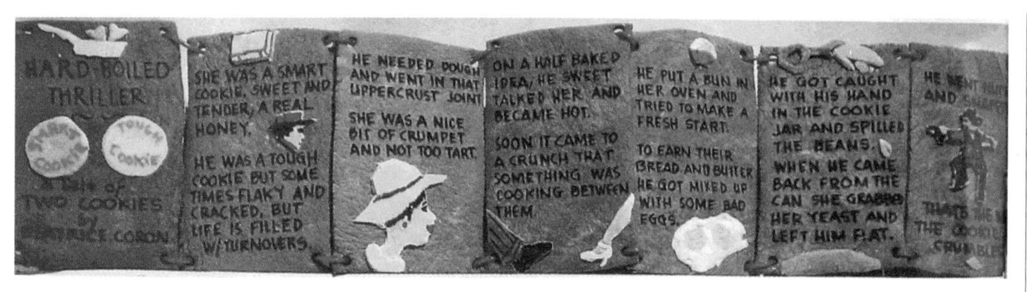

▲ “能吃的书”书籍创意

这是2004年“国际吃书节”中的作品，设计师用饼干“烘焙”出一个故事，该作品色彩协调、造型生动。

在未来，根据不同的读者需求，书籍的形态可以有很多种，如实用性的、概念性的、实验性的、艺术化的、个性化的……总而言之，书籍装帧设计在各种因素的影响下具有无限可能，新材料、新工艺、新创意将持续推进书籍装帧设计蓬勃发展，设计师应突破传统的设计理念，充分利用新科技，演绎出让读者感到眼前一亮的书籍装帧设计视觉效果。

▲ 书籍创意

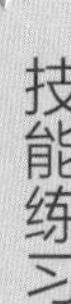

技能练习

1. 列举近代世界各国中具有代表性的设计流派，并简述这些设计流派中书籍装帧设计作品的特点。

2. 走进书店或图书馆翻阅各种书籍，对特色鲜明的书籍的材料、结构、印刷、图像、色彩等进行分析，感受当代书籍装帧设计的发展。

知识1.3 书籍装帧设计的基本原则

扫一扫

知识1.3 书籍装帧设计的基本原则

书籍装帧设计作为一门独立的造型艺术，要求设计师在设计时遵循一些基本原则。例如，在考虑功能性的同时提升艺术性，使形式与内容融洽，做到局部与整体的和谐统一等，以便于巧妙利用装帧艺术语言，为读者构筑丰富的书籍世界。

1.3.1 功能性与艺术性统一

读者对书籍的首要需求就是其中的知识内容，设计师在书籍装帧设计中应考虑不同文化背景、不同年龄、不同职业的读者需求，使装帧设计能有效突出书籍的本身内容，不喧宾夺主，让书籍能充分发挥基本功能，即文字、图片要便于阅读，形态上要便于读者翻看，便于收藏、运输，使书籍内容更易于传播。此外，现代书籍装帧设计还要考虑与读者的互动性，优化读者的阅读体验，起到提升读者兴趣，并引导读者阅读的作用。

除了功能性需求外，读者对书籍视觉方面也有一定的审美要求。一本设计精美的书籍，显然比编排和装订普通的、同内容的书籍更具吸引力，更能带给读者良好的阅读体验。因此，书籍装帧设计应具有独立的艺术审美价值，给读者带来美感与艺术并存的视觉享受。

◀《植物先生：二十四节气植物研学课》/设计：许天琪

▲《成都最美古诗词100首》/设计：许天琪

以上是“中国最美的书”获奖者许天琪的书籍装帧作品。她设计的图书既满足了基本的阅读需求，在材料、装订、版式、色彩上又极具设计感，做到了功能性与艺术性统一，提升了书籍的品位和格调，散发着典雅、和谐的传统之美，文化气韵浓厚。

1.3.2 形式与内容统一

在设计书籍装帧时，一定要根据书籍内容去寻找合适的表现形式，使书籍装帧设计风格与书本内容相符。若只注重形式而忽略内容，一味地添加美的元素，会让书籍变得肤浅、单调；若只注重内容而忽略形式，则会导致书籍缺乏美感和情趣。只有形式与内容和谐统一、互相呼应，读者在阅读时才不会产生割裂感。因此，书籍装帧设计师需要站在作者和读者的角度来思考，根据内容综合规划书籍装帧，尽可能地让读者清楚明白书籍主题。

1.3.3 局部与整体统一

在设计书籍装帧时，不仅需要书本内容与设计风格和谐统一，还需要书籍的局部与整体和谐统一，以及文字、图形、色调和谐统一。当书籍结构中的封面与封底、护封与扉页等各个元素能够前后呼应时，它们就构成了统一的整体，能够让读者在阅读时感受到一种融洽的形式美。除了单本书自身要做到局部与整体统一，在设计丛书、系列书的装帧时，也要使每本书之间、每本书与整体装帧之间达到统一。

▲
中华传统处世美学三书系列书《小窗幽记》《菜根谭》《围炉夜话》，由“中国最美的书”获奖者许天琪设计。整体装帧古色古香，封面均采用了取自中国古典园林的镂空花窗设计，花窗后掩映中国传统名画，这种写意的设计，蕴藏了古人生活处世的灵慧巧思，与书籍内容和定位相符。每本书封面的版式、风格均相同，且均与该系列书籍函套的风格相同，色彩也均采用了淡雅的中国传统色，使得该系列书的整体感很强。

分享·感悟

在书籍装帧设计中，中国风是一种独特且富有文化内涵的艺术形式，它融合了中国传统文化和美学精髓，为书籍增添了别样的魅力和韵味。中国传统元素是中国风中的常见元素，包括传统色彩、传统图案、中国传统建筑、国画、书法、戏曲、篆刻、陶瓷、民间工艺等，这些元素不仅具有深厚的历史底蕴，还蕴含着丰富的文化内涵。在书籍装帧设计领域，中国传统元素和中国风具有广泛的应用前景，设计师巧妙运用这些元素和风格，可以增加书籍的艺术性和文化价值，提升读者的阅读体验和审美享受，满足读者对于艺术文化的追求，推动中国传统文化的传承和发展。

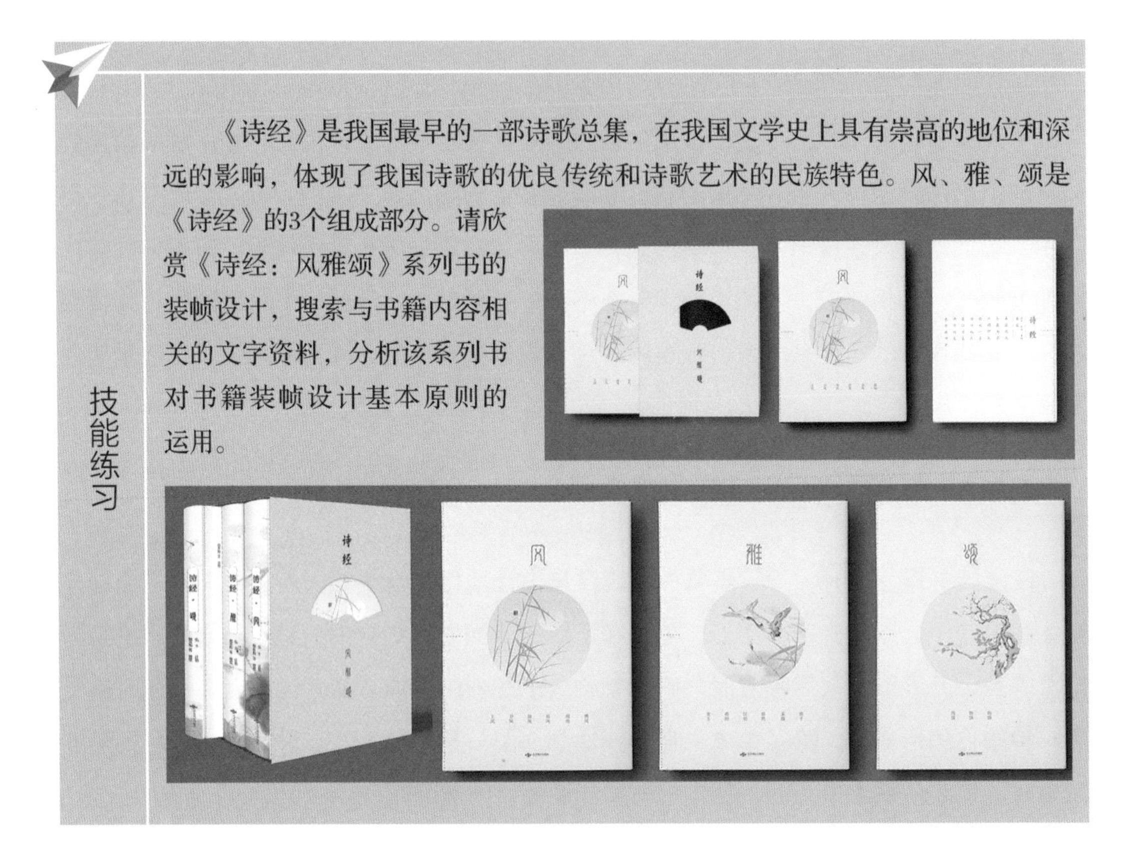

技能练习

《诗经》是我国最早的一部诗歌总集，在我国文学史上具有崇高的地位和深远的影响，体现了我国诗歌的优良传统和诗歌艺术的民族特色。风、雅、颂是《诗经》的3个组成部分。请欣赏《诗经：风雅颂》系列书的装帧设计，搜索与书籍内容相关的文字资料，分析该系列书对书籍装帧设计基本原则的运用。

知识1.4 书籍装帧设计的常用软件

扫一扫

知识1.4 书籍装帧设计的常用软件

书籍装帧设计通常会借助计算机软件进行布局、排版或图片处理等设计操作，因此，设计师需要熟练掌握一些计算机设计软件。

1.4.1 Photoshop

Adobe Photoshop是Adobe公司旗下的一款图像处理软件，简称“PS”，主要用来处理像素所构成的数字图像。Photoshop功能强大，拥有许多绘图和编辑工具，可以绘制图像，编辑图像、图形、文字，完成抠图、修图、调色、合成、特效制作等工作。在书籍装帧设计中，Photoshop常用于处理和优化图像，设计封面，制作特殊效果等。

▲ Photoshop软件界面

1.4.2 Illustrator

Adobe Illustrator是Adobe公司开发的一款矢量绘图软件，常被称为“AI”，被广泛应用于各行各业的矢量绘图与设计领域，在图形绘制、图形优化及艺术处理等方面具有强大的功能。Illustrator常用于绘制书籍中的各种插图，也可用于制作封面和页面版式，还可以用来完成一些页数较少的书籍排版工作。

▲ Illustrator软件界面

1.4.3 InDesign

Adobe InDesign是Adobe公司发布的一款排版编辑软件，是专业的图文排版软件。InDesign基本可以满足排版、印刷等需求，常用于精确排版整本书籍内容，也可以用来设计简单的模板。

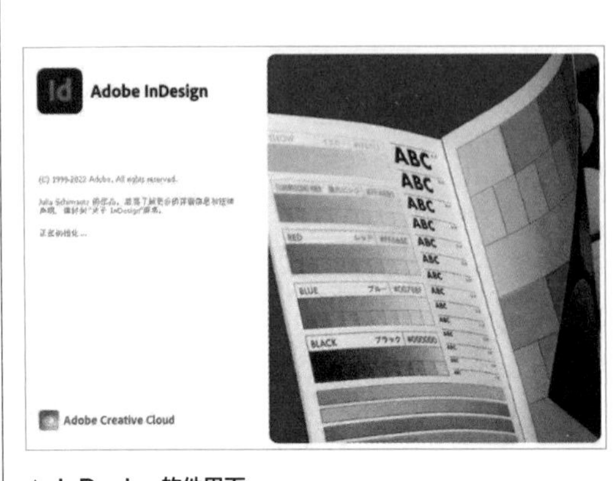

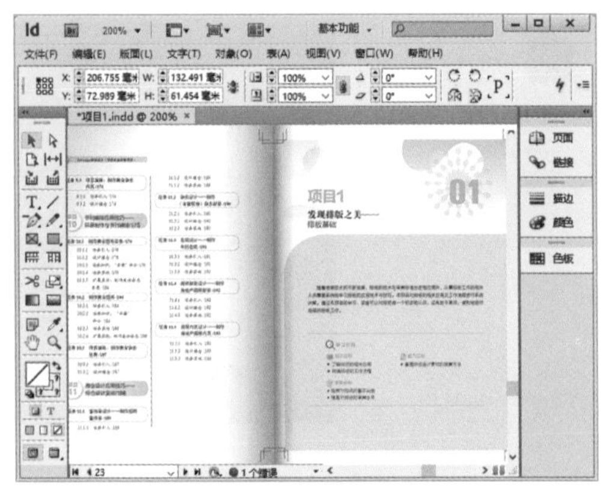

▲ InDesign软件界面

1.4.4 CorelDRAW

CorelDRAW是Corel公司开发的一款智能、高效的平面设计软件，提供矢量图形绘制、印刷排版、网站制作、位图编辑和网页动画制作等功能。设计师可以直接在CorelDRAW中设计简单的书籍插图、版式，精确地排版书籍页面。

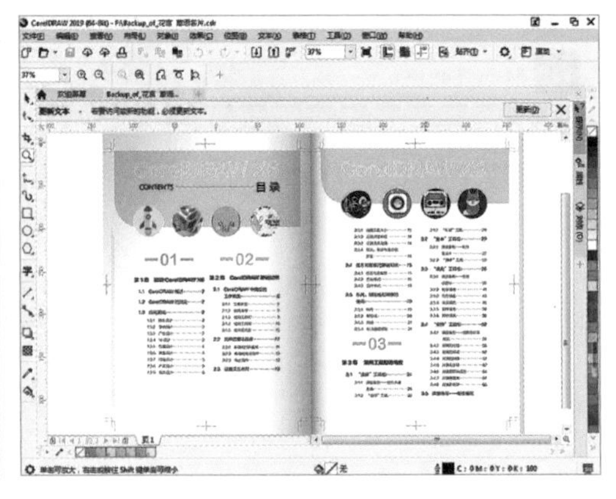

▲ CorelDRAW软件界面

位图又称点阵图或像素图，将位图放大到一定程度后，可看到位图是由一个个小方块组成的。当位图被放大到一定比例时，图像会变模糊。

矢量图又称向量图，是以几何学进行内容运算，以向量方式记录的图形。与位图不同的是，矢量图的清晰度和光滑度不受图像缩放的影响，无论将矢量图放大多少倍，矢量图都具有平滑的边缘和清晰的视觉效果。

技能练习

启动计算机，从网络上下载并安装Adobe Photoshop 2022、Adobe Illustrator 2022，熟悉软件的工作界面与基本功能，尝试进行一些简单的书籍插图绘制、版式制作、图文编排等操作。

任务实践

赏析“世界最美的书”获奖作品

1. 任务背景

“世界最美的书”评选活动由德国图书艺术基金会主办，距今已有近百年历史，如今已发展为世界书籍装帧设计赛事的最高荣誉。该活动是全球书籍装帧设计界的一大盛事，每年评选一次，每次有30多个国家的700多本书参与评选，最终获奖书籍将在当年的莱比锡书展和法兰克福书展上与读者见面，并在世界各地巡展。作为设计师，可以以获得“世界最美的书”荣誉为目标，以此来激励自己，拓宽设计视野，学习优秀作品，获取设计灵感，积累设计经验。

2. 任务目标

（1）搜集并整理历届“世界最美的书”奖项的获奖作品。

（2）分析获奖作品的设计内容，汲取优秀的设计思路。

（3）通过赏析获奖作品，提高审美意识与审美能力。

3. 任务实施

（1）搜集至少两个“世界最美的书”获奖作品的图片和文字资料，并整理到PPT中进行展示和分析，所选作品类型、年份、获奖级别、主题不限。例如，分析下页图中的作品。

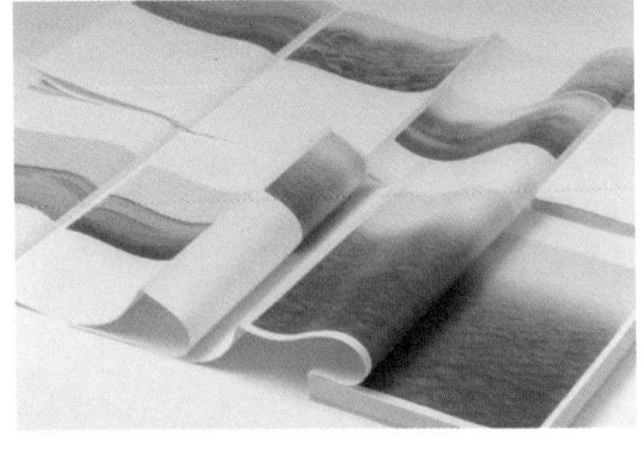

▲《水：王牧羽作品集》/设计：曲闵民、蒋茜

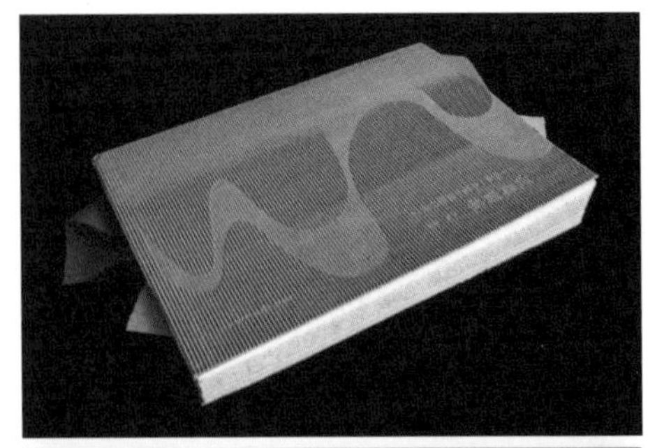

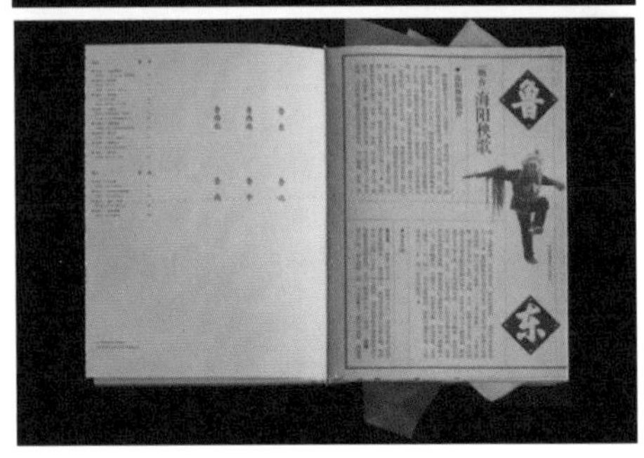

▲《说舞留痕：山东“非遗”舞蹈口述史》/设计：张志奇

（2）查找所选作品的相关点评资料，结合自己对书籍装帧设计的理解，分析作品的整体艺术效果及设计思路，以及设计师是如何通过书籍装帧设计来诠释书籍主题的。

作品1：____

____

____

作品2：____

____

____

（3）静下心来观察作品的细节表现，如文字、版式、图片、色彩和结构，描述出自己对设计作品的具体感受，例如平静、舒适的感受或者热烈、活泼的感受，分析书中设计元素是如何达到和谐统一效果的。

作品1：____

____

____

作品2：____

____

____

查找关于上海市新闻出版局主办的“中国最美的书”评选活动的资料，搜集并整理至少两个该活动获奖作品的资料，并从各方面进行赏析。

项目1图片：部分获奖作品

知识拓展

现代书籍的常见题材类型

书籍的题材类型繁多、内容丰富，决定了不同的书籍装帧设计风格，甚至影响对书籍大小、材质的选择。要想做好书籍装帧设计工作，设计师首先需要明确书籍的题材类型，便于更清晰地寻找设计的侧重点，并选择恰当的设计风格。

- 科普类书籍。科普类书籍是指以通俗易懂的方式来普及科学技术的书籍。由于科普类书籍具有较强的专业性和学术性，因此设计师可以从书籍主题之中提取关键元素，对科学技术产生联想和想象，加工出符合书籍主题的创意形象。
- 文艺类书籍。文艺类书籍是指文学和艺术类书籍，文学类书籍设计需要根据其内容特点选择符合其意境的风格，渲染氛围；艺术类书籍设计则要强调审美个性，具有较强的美感、艺术性和设计感。
- 工具书。工具书是指专门用于查找知识信息的书籍，其编排往往有某种特定体系，条理性强，信息展示简明扼要。因此，其装帧设计可直接使用主题文字和色块相结合的方式，搭配简约固定的版式，使读者易于检索。
- 儿童读物。儿童读物是指服务于少年儿童的文学作品、知识读物、连环画等书籍。该类书籍的装帧设计首先要考虑儿童对事物的理解，以及儿童视觉和心理方面的接纳程度。此外，由于儿童往往对世界充满了好奇与想象，因此其装帧设计的色彩应丰富、明亮，且图文排版应具有亲切感，提升吸引力。
- 报刊。报刊是报纸、杂志的总称，信息量大，内容丰富。由于报刊一般是定期出版，且具有连续性，因此每一期报刊装帧设计最好都风格统一、相对稳定，在用图和文字设计上具有连续性。但需注意，这种连续性并不是指一成不变地套用模板，而是在保持风格一致的基础上追求创新变化，即稳中求变。

▲ 科普类书籍　▲ 文艺类书籍　▲ 工具书

▲ 儿童读物　▲ 报刊

● 电子书。新闻出版总署将电子书定义为：将文字、图片、声音、影像等信息内容数字化的出版物，以及植入或下载数字化文字、图片、声音、影像等信息内容的集存储和显示终端于一体的手持阅读器。电子书具有数字化、便携、易使用、大容量、易保存等特征，设计师可以在其中加入数字化的图片、交互动效、音视频等，丰富其内容和展现效果。

● 概念书。有人认为，概念书是在保留传统书籍部分外形的基础上，对内容、编排、结构、材料、外观造型进行创新的书籍；也有人认为，概念书是完全打破传统书籍外形的异化形态书籍，例如使用不同材料、结构制作的书。总之，装帧设计概念书时，可以从版式、封面、形态、材质、结构、印刷方式等方面入手，创新组合多种设计元素，多尝试新材料和新工艺，采用一些概念型的元素，使书籍装帧设计更有深意、更有个性。

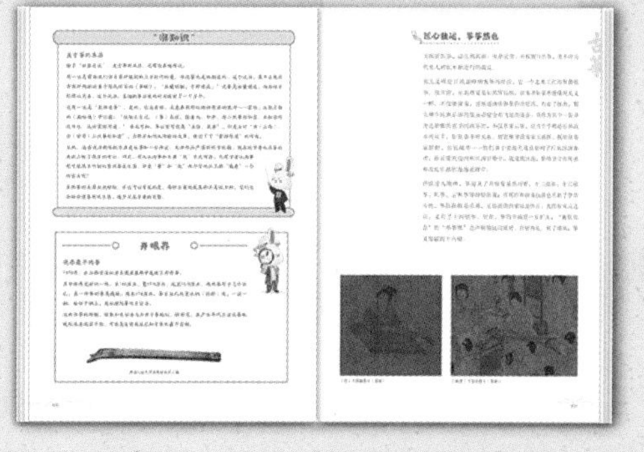

02

项目2 书籍装帧设计要素

完整的书籍装帧设计往往由很多设计要素构成，如文字、插图、色彩、图形等，这些设计要素不仅构成了书籍的视觉效果，也影响着读者的阅读体验。因此书籍装帧设计可以理解为在有限的版面空间内，对文字、插图、色彩、图形等设计要素进行组织、协调和艺术创作，寻求理性与感性的契合，实现书籍内容与视觉效果的统一，这就要求设计师具备灵活应用书籍装帧设计要素的能力。

装帧设计包括具象部分，如插图和封面；也有非具象的，如文字、排版、质感、肌理、色彩布局等。

——邱陵

学习目标

1. 了解书籍装帧设计要素。
2. 掌握书籍装帧中的文字设计。
3. 掌握书籍装帧中的插图方式和表现形式。
4. 掌握书籍装帧的色彩搭配方式与技巧。
5. 掌握书籍装帧设计中图形的运用方式。

素养目标

1. 培养分析与创新的能力。
2. 弘扬中华优秀传统文化，探索民族文化元素在现代书籍装帧设计中的创新运用。
3. 提升对书籍文字、插图、色彩、图形的审美能力，提高美学修养。
4. 从微观细节分析书籍装帧设计，培养微观探析能力。

课前讨论

某出版社推出了中华传统手工艺保护丛书，该丛书助力于传播中华传统手工艺文化，弘扬中国工匠精神。请扫描右侧的二维码查看该丛书图片，思考以下问题。

1. 中华传统手工艺保护丛书的装帧设计包含哪些元素？
2. 该丛书中，每本书的文字、插图、色彩、图形各有什么特点？

扫一扫

图片：课前讨论

知识分解

知识 2.1 文字

文字是承载知识、表达信息和记录语言的重要视觉符号，也是书籍的灵魂所在，在书籍装帧设计中兼具艺术性和实用性的功能。设计师对文字的字体、字号大小、间距、编排等属性进行设计，能使书籍的视觉效果更加鲜活、丰富，将书籍的中心思想和主要内容传达得更加详细和清晰。

2.1.1 字体的选择

字体是文字的形态特征，也彰显了文字的风格，书籍装帧中的字体需要与书籍的内容风格和情感氛围相匹配。不同的字体具有不同的形态特征，会传递给读者不同的视觉感受和心理感受，设计师可以根据书籍个性和需要的装帧设计效果来选择合适的字体。

● 宋体。宋体应用较广泛，其笔画横细竖粗，起点与终点有额外的装饰，其外形纤细典雅、端庄工整，给人文艺、古色古香之感，通用性强，常用于前言、目录和内文中，是一般书籍中最常用的字体。

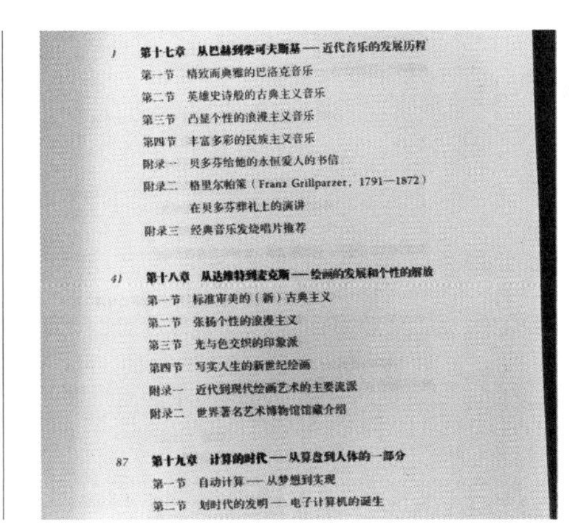

1 第十七章 从巴赫到柴可夫斯基 — 近代音乐的发展历程
第一节 精致而典雅的巴洛克音乐
第二节 英雄史诗般的古典主义音乐
第三节 凸显个性的浪漫主义音乐
第四节 丰富多彩的民族主义音乐
附录一 贝多芬给他的永恒爱人的书信
附录二 格里尔帕策（Franz Grillparzer，1791—1872）
在贝多芬葬礼上的演讲
附录三 经典音乐发烧唱片推荐

41 第十八章 从达维特到麦克斯 — 绘画的发展和个性的解放
第一节 标准审美的（新）古典主义
第二节 张扬个性的浪漫主义
第三节 光与色交织的印象派
第四节 写实人生的新世纪绘画
附录一 近代到现代绘画艺术的主要流派
附录二 世界著名艺术博物馆馆藏介绍

87 第十九章 计算的时代 — 从算盘到人体的一部分
第一节 自动计算 — 从梦想到实现
第二节 划时代的发明 — 电子计算机的诞生

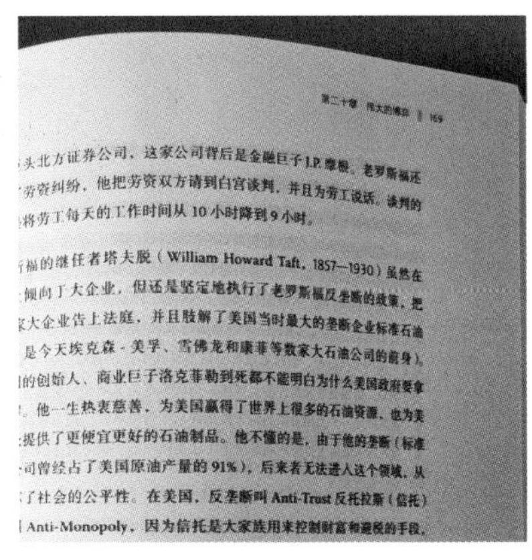

头北方证券公司，这家公司背后是金融巨子 J.P. 摩根。老罗斯福还
劳资纠纷，他把劳资双方请到白宫谈判，并且为劳工说话。谈判的
将劳工每天的工作时间从 10 小时降到 9 小时。

福的继任者塔夫脱（William Howard Taft，1857—1930）虽然在
倾向于大企业，但还是坚定地执行了老罗斯福反垄断的政策，把
家大企业告上法庭，并且肢解了美国当时最大的垄断企业标准石油
是今天埃克森 - 美孚、雪佛龙和康菲等数家大石油公司的前身）。
的创始人、商业巨子洛克菲勒到死都不能明白为什么美国政府要拿
他一生热衷慈善，为美国赢得了世界上很多的石油资源，也为美
提供了更便宜更好的石油制品。他不懂的是，由于他的垄断（标准
司曾经占了美国原油产量的 91%），后来者无法进入这个领域，从
了社会的公平性。在美国，反垄断叫 Anti-Trust 反托拉斯（信托）
Anti-Monopoly，因为信托是大家族用来控制财富和避税的手段，

◀《文明之光》目录、内文中的宋体应用

● 仿宋。仿宋由宋体演变而来，字形修长，挺拔清秀，笔画粗细均匀，起、落笔处均有笔锋，显得锐利、棱角分明，颇具文化韵味，多用于注释、说明文字、参考文献、报刊中较短的正文、古典和仿古版面，以及散文、诗歌的排版中。

- 黑体。黑体笔画横平竖直、粗细统一，起点与终点没有额外装饰，造型稳重、形体工整、厚实有力，给人稳重、现代化、简约时尚的感觉，能够表现出阳刚、正式、端庄等气质，常用于内文、标题中，也用于重点词句的强调。
- 圆体。圆体是由黑体演变而来的字体，结构方正，字形饱满圆润，笔画圆头圆尾，笔画两端和转折处进行了圆角处理，富有亲和力，常用作繁体文字的字体，适用于报刊的标题、大字，以及与儿童、教学、女性、食品有关的书籍封面中。
- 楷体。楷体是一种模仿手写习惯产生的字体，具有重心平稳、形体工整、笔画平直清晰等特点，风格俊秀平和，带有文化气息，广泛应用于书籍封面、引文、分级标题、前言、图注，以及与婴幼儿和青少年有关的启蒙读物中。
- 手写体。手写体是使用硬笔或者软笔纯手工写出或模拟这种手写效果的字体，其大小不一、形态各异，笔画自由多变，大多具有随意洒脱、艺术、自由、文化气质，适合排印书籍标题和重点语句。
- 艺术体。艺术体是指一些非常规的特殊印刷用字体，其笔画和结构一般都进行了一些再加工。在书籍封面、目录、篇章页的设计中，针对少量文字使用艺术体，可以达到提升艺术感、美化画面、聚焦视线的效果。

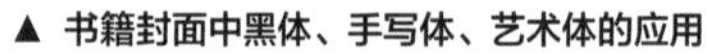
▲ 书籍封面中黑体、手写体、艺术体的应用

2.1.2 字号、行长、字距、行距与段距的设置

影响书籍文字可读性的因素有很多，尤其是当文字较多时，设计师需要重点考虑字号、行长、字距、行距与段距的设置。

1. 字号

字号即文字的大小，通常根据文字在书籍版面中的作用、书籍目标读者来确定。例如，标题文字的字号应较大，而正文的字号不宜过大；针对儿童和老年读者的书籍通常字号都应较大。此外，为不同字体设置相同的字号，可能给读者的视觉感受也不相同，需要设计师根据具体的字体应用情况来调整字号。

书籍装帧设计要素

书籍装帧设计要素

▲
图中所示的第一排文字字体是方正兰亭准黑，第二排文字字体是方正仿宋，两排文字字号均为36点，但第一排文字字号在视觉上大于第二排文字。

需要注意的是，设置过大或过小的字号都不便于读者阅读，并且过大的字号会造成书籍版面拥挤、文字层级杂乱，过小的字号还会造成版面空荡、无法突出重点。

2. 行长

行长是指一行文字的总长度。由于人的视线范围有限，阅读书籍时，大脑对文字做出的反应和接收的行长有一定限制。实验研究得出，用10磅的汉字排印正文，行长超过110毫米时，阅读就会感到困难，容易发生跳行错读的现象。行长达到120毫米时，阅读的速度就会降低5%，所以字行的长度以80~105毫米为最佳。有较宽的插图或表格的书，当要求较宽的版心时，最好排成双栏或多栏。

综上所述，考虑到人的视线范围、书籍版面大小和文字的易读性，对于需要成年人连续阅读的书籍正文，每行文字的行长设置为20~30个字较为合适。

一、作家介绍

朱自清(1898—1948)，原名自华，号实秋，后改名自清，字佩弦。原籍浙江绍兴，出生于江苏省东海县(今连云港市东海县平明镇)，后随父定居扬州。中国现代散文家、诗人、学者、民主战士。1920年毕业于北京大学哲学系。1925年任清华大学中文系教授。1931年留学英国，游历欧洲。1932年归国，任清华大学中文系主任。抗日战争爆发后，随校南迁，任国立西南联合大学教授。抗战胜利后，于1946年返回北平。1948年因病逝世。发表有诗文集《踪迹》、散文集《背影》《欧游杂记》《伦敦杂记》《你我》等。他的散文获得了很高的成就，《桨声灯影里的秦淮河》《绿》《春》《背影》《荷塘月色》等篇，是中国现代散文的杰出代表作。学术著作有《国文教学》《经典常谈》《诗言志辨》

▲《经典常谈》朱自清
该书籍中，正文行长为25~30字，便于读者连续阅读。

3. 字距、行距与段距

字距是指一行中文字与文字之间的距离，行距是指文字行与行之间的距离，段距是指文字段与段之间的距离。要想书籍中的文字层次清晰、视觉效果舒适，设计师需要合理设置字距、行距与段距。如果字距、行距与段距过小，会导致文字拥挤、容易看不清，易造成压抑、紧张、跳行错读的阅读状况；如果过大，则会导致文字的连贯性不强、浪费版面，易造成疲劳、不流畅的阅读状况。

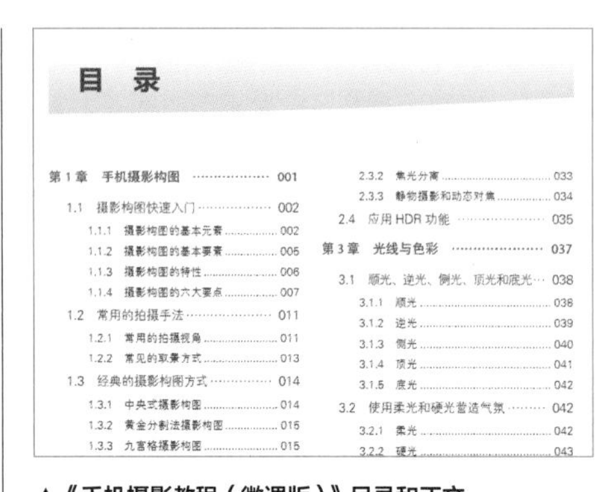
目 录

1.3.9 留白式摄影构图

留白，从字面上理解，就是留有空白。在艺术表现中，留白体现为一种画面的布局章法。

留白式摄影构图是摄影中常用的摄影构图方式。留白能够突出画面中的被摄主体，营造出内容简洁但意境丰富的画面。由此可见，留白式摄影构图其实也是一种减法摄影构图（示例见图1-48）。

在画面中，当背景大面积留白时，画面的意境就会得到凸显，从而使画面简洁而不失主题、单调却富有韵味，十分耐看。

图1-48

▲《手机摄影教程（微课版）》目录和正文

该书籍中文字的字距、行距与段距较为合适，既能清晰展现出不同文字的信息层级，又能为读者带来舒适的阅读体验。

通常情况下，设置字距为10，行距为12，段距等于行距或略大于行距的文字易产生秩序感，更便于阅读。考虑到文字字体和字号的差异，字距、行距、段距也应以阅读舒适性为原则，进行相应微调。需要连续阅读的书籍，其文字行距可适当加宽；字形较长的文字，其行距也可适当加宽；字形较短的文字，其行距可适当缩窄。总之，一般字距要小于行距，行距要小于段距，段距要小于文字整体离版面边缘的距离。

2.1.3 文字的编排

文字的编排是书籍装帧设计的重点，在书籍装帧设计中，有以下几种基本的编排形式可供设计师参考。

- 两端对齐：横排文字的左端和右端都要对齐，竖排文字的上端和下端也要对齐，文字整体显得端正、严谨、美观。
- 单边对齐：横排文字仅行首左对齐或行尾右对齐，竖排文字仅列首上对齐或列尾下对齐。单边对齐效果比两端对齐效果更显灵活生动。
- 居中对齐：通常以版面中心的中轴线为对称轴，文字居中排列，视觉中心突出，能集中读者视线，但应尽量避免应用于大篇幅的文字编排。
- 倾斜编排：将段落文字整体旋转一定角度，形成非水平、非垂直的倾斜效果，具有强烈的动感。注意此处并非指单个文字倾斜，而是主要针对大段文字整体。
- 穿插编排：将生动形象的图片穿插在规整平淡的文字中，使图片起到点缀作用，活跃版面，缓解读者阅读文字时产生的疲劳感。

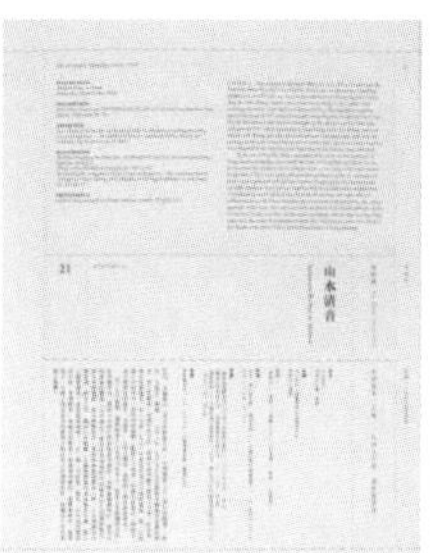

▲ 不同方向的单边对齐

▲ 居中对齐　　▲ 倾斜编排　　▲ 穿插编排

● 沿形编排：沿着某种形状的外轮廓来编排文字，文字跟随外轮廓起起伏伏，具有较强的活泼感和动感。

● 适形编排：沿着某种形状的内部编排文字，使其能填充形状，能达到新颖、视觉冲击力强的效果。

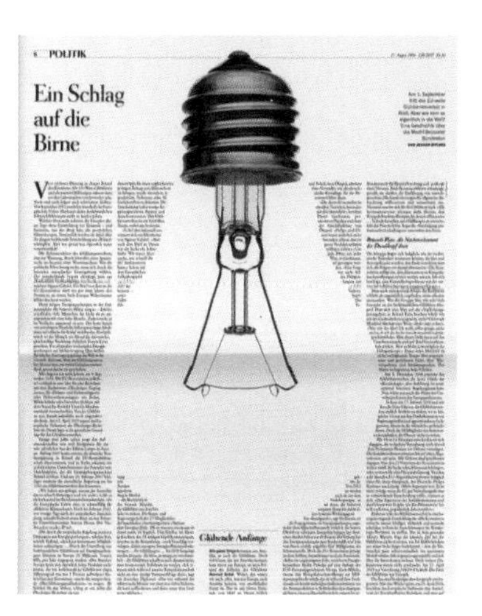

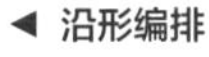

◀ 沿形编排

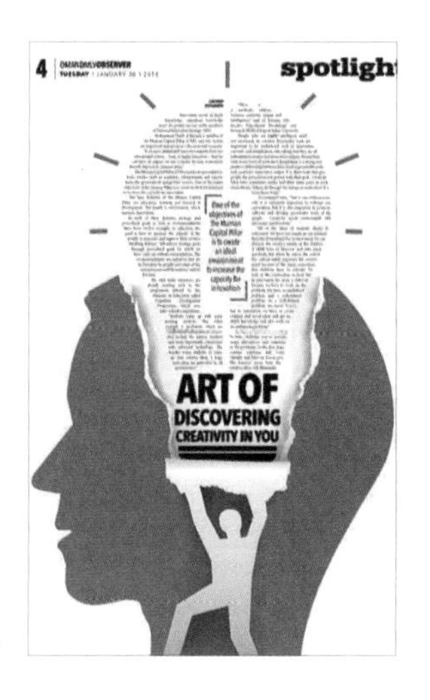

适形编排 ▶

● 突出首字：将段首第一个文字放大，进行装饰性处理，并嵌入段落开头，作为焦点聚焦读者视线，打破规整的文字编排效果，活跃版面。

● 自由编排：打破以上几种编排形式的约束，设计出自由、个性的文字编排效果。但需注意避免杂乱，同时要保证文字的可识别性。

【案例设计】——《元宇宙与未来媒介》文字设计

2.1.3 《元宇宙与未来媒介》文字设计

1. 案例背景

某出版社准备出版一本科技类图书《元宇宙与未来媒介》，需要设计师制作封面，现已完成封面图像设计，还需要着重设计封面文字，包括中文书名、英文书名、作者信息、出版社信息、简介和推荐语，要求书名文字特色鲜明、效果突出，贴合书籍的科技风格；其他文字编排清晰、层次分明；文字整体能与封面图像和谐融洽，色调统一。

2. 设计思路

查看提供的素材，设计封面文字的大致布局。在书名文字的字体设计方面，为了符合书籍的类型，与元宇宙的“元”相呼应，可选择较圆润的字体，如方正三宝体，同时为了使书名文字设计更加独特，还可在原字体基础上适当删减笔画，使形态更加简洁。在其他文字的字体选择上，可以直接选用具有现代感、简洁风的字体，如方正兰亭刊黑、方正兰亭大黑。在字号方面，中文书名的字号可以最大，英文书名其次，其他文字的字号可以统一小于英文书名，但彼此之间可以略有差别。在文字编排方面，可综合运用单边对齐和居中对齐的编排形式，丰富封面的文字编排效果。在文字的行长与字距、行距、段距方面，可以依据编排形式、视觉效果舒适度来适当设置。

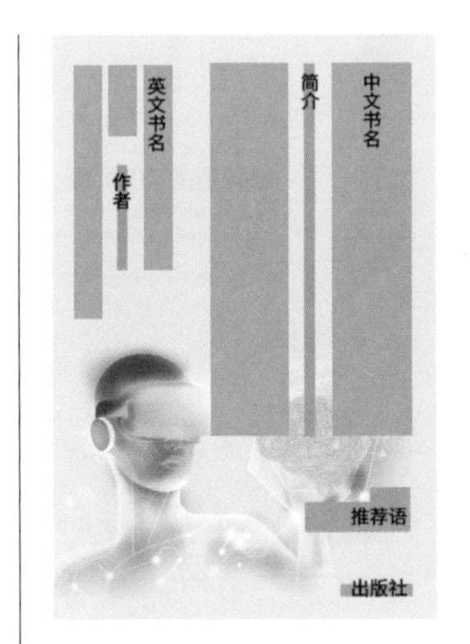

▲ 封面文字的大致布局

3. 操作提示

其具体操作如下。

（1）打开素材。启动Illustrator 2022，打开“《元宇宙与未来媒介》封面图像.ai”素材（配套资源\素材\项目2\《元宇宙与未来媒介》封面图像.ai），再打开“《元宇宙与未来媒介》文字.txt”素材（配套资源\素材\项目2\《元宇宙与未来媒介》文字.txt）。

（2）输入中文书名。选择“直排文字工具”，在封面右上方输入中文书名，并在“与”字后换行，在“属性”面板中设置填色为“C90,M70,Y0,K0”，字体为“方正三宝体简”，字体样式为“Bold”，字体大小为“105 pt”，行距为“135”，字距为“26”。

（3）剪切“宇”字宝盖头。选择【文字】/【创建轮廓】命令，选择“剪刀工具”，在“宇”字宝盖头的横笔画左边缘向内处，单击创建两个锚点，然后按住【Ctrl】键不放并单击选中左侧多余的路径，按【Delete】键删除。

▲ 输入中文书名

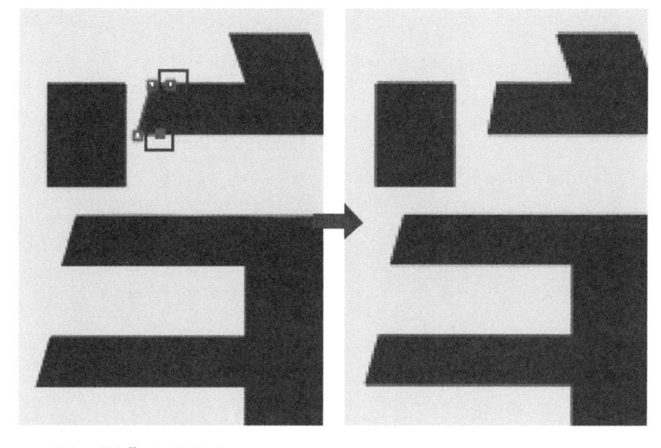

▲ 剪切“宇”字宝盖头

（4）适当剪切其他笔画。使用与步骤（3）相同的方法，适当剪切书名中的其他笔画，增加文字笔画间的空隙，使文字效果更加独特。

（5）输入英文书名。选择“直排文字工具”，在封面左上方输入英文书名，使英文单词排成3列，在“属性”面板中设置填色为“C90,M70,Y0,K0”，字体为“方正三宝体简”，字体样式为“Regular”，字体大小为“38 pt”，行距为“39”，字距为“0”。

（6）输入作者信息。使用“直排文字工具”在“AND”英文下方输入作者信息，在“属性”面板中设置填色为“C0,M0,Y100,K100”，字体为“方正兰亭刊黑_GBK”，字体大小为“12 pt”，字距为“60 pt”。

▲ 适当剪切其他笔画

▲ 输入英文书名

▲ 输入作者信息

（7）输入简介。使用“直排文字工具”在两列中文书名之间输入简介，在“属性”面板中设置填色为“C0,M0,Y100,K100”，字体为“方正兰亭刊黑_GBK”，字体大小为“12 pt”，字距为“555”。单独选中“深度解读”4个字，修改字体为“方正兰亭大黑_GBK”。

（8）输入推荐语。选择“文字工具”T，在中文书名“与”字下方输入简介，在“属性”面板中设置填色为“C0,M0,Y100,K100”，字体为“方正兰亭刊黑_GBK”，字体大小为“10.1 pt”，行距为“15”，字距为“50”，单击“右对齐”按钮。单独选中第一排简介文字，修改字体为“方正兰亭大黑_GBK”；单独选中最后一排简介文字，修改字体大小为“12.5 pt”，行距为“22”，字距为“0”；单独选中最后一排“喻国明”文字，修改字体为“方正兰亭大黑_GBK”，字体大小为“16 pt”。

（9）输入出版社信息。使用“文字工具”T在封面右下角输入出版社信息，在“属性”面板中设置填色为“C0,M0,Y100,K100”，字体为“方正兰亭大黑_GBK”，字体大小为“12 pt”，字距为“200”。

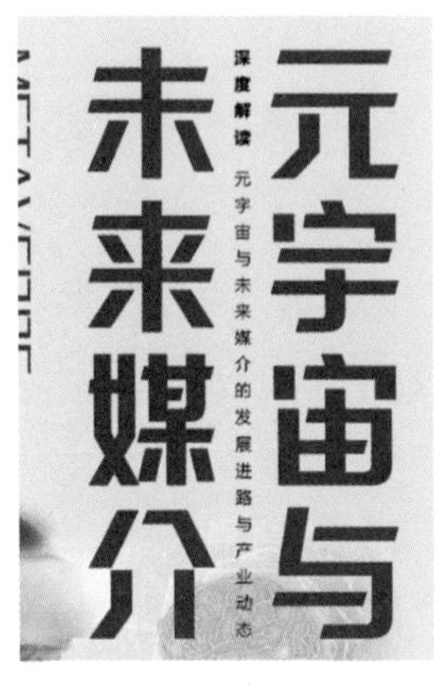

▲ 输入简介

▲ 输入推荐语

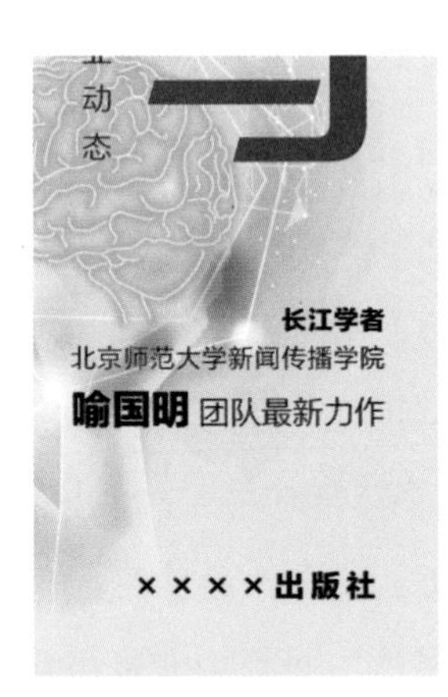

▲ 输入出版社信息

（10）保存并导出文件。按【Shift+Ctrl+S】组合键保存文件，并设置文件名称为“《元宇宙与未来媒介》封面”（配套资源\效果\项目2\《元宇宙与未来媒介》封面.ai），为便于预览效果，可以导出封面图片，选择【文件】/【导出】/【导出为】命令，打开“导出”对话框，设置文件名为“《元宇宙与未来媒介》封面”、保存类型为“JPEG(*.JPG)”，单击选中“使用画板”复选框，然后单击导出按钮，打开“JPEG选项”对话框，设置颜色模式为“CMYK”，分辨率为“高（300ppi）”，单击确定按钮完成导出（配套资源\效果\项目2\《元宇宙与未来媒介》封面.jpg）。

（11）查看最终效果。为了便于查看真实的书籍效果，可将其应用到立体书籍中。启动Photoshop 2022，打开“书籍封面样机.psd”素材（配套资源\素材\项目2\书籍封面样机.psd），选择【文件】/【置入嵌入对象】命令，打开“置入嵌入的对象”对话框，在其中选择步骤（10）导出的“《元宇宙与未来媒介》封面.jpg”图片，单击置入(P)按钮，图片被添加到界面中后，按住【Ctrl】键不放拖曳图片4个角，使其贴合样机的封面，按【Enter】键确认置入操作。最后按【Ctrl+S】组合键保存文件（配套资源\效果\项目 2\《元宇宙与未来媒介》封面应用效果.psd）。

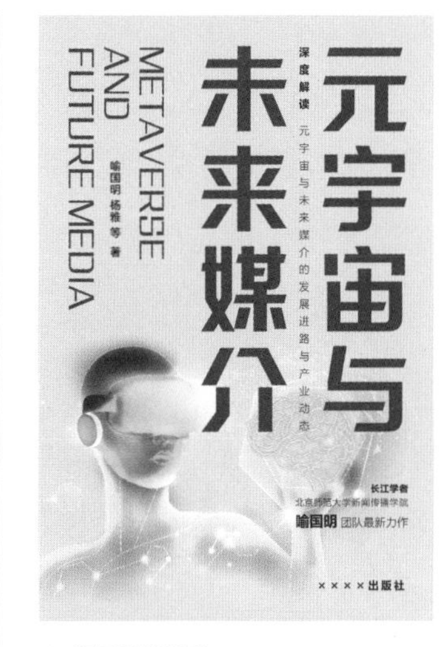

▲ 查看最终效果

技能练习

1. 《浪潮之巅》是一本讲述一些公司成功的本质原因，以及科技工业一百多年的发展历程的书，现需要重新设计该书封面文字，着重对“浪潮之巅”文字展开创意设计，要求该文字贴合图书主题，着重体现科技感，效果高端大气，参考效果如下面左图所示。

2. 《6G需求与愿景》是一本展望6G业务愿景、网络愿景、能力愿景及演进特征的书，现需要重新设计该书封面文字，着重对“6G”文字展开创意设计，要求该文字能起到强调和装饰的效果，有效吸引读者视线，参考效果如下面右图所示。

▲《浪潮之巅》封面文字效果参考

▲《6G需求与愿景》封面文字效果参考

知识2.2 插图

插图可以说是书籍中最具视觉表现力的元素之一，一般作为辅助传达文字信息的设计要素。在书籍装帧设计中，设计师应充分分析书籍的内容和目标读者需求，适当地筛选、设计和排版插图，使插图充分体现其艺术感染力，真正为书籍所用。

2.2.1 插图的概念、特点及作用

插图在《辞海》中的解释是“插附在书刊中的图片”，是对人、事、物、环境等形象的客观描述或艺术创作，具体包括摄影图像、现代数字插画、绘画作品、书籍插图等。

插图既从属于书籍，又具有一定的独立性，是具有独立欣赏价值的艺术作品。相较于文字，插图更具可视、可读、可感的优势，还具有易于识别、信息传递直观、便于理解的特点。

书籍插图是对书籍内容的信息传达和情感表达所进行的视觉创作，既可以增强书籍的趣味性，又能生动直观地再现书籍内容所表达的视觉形象，还有助于加深读者对书籍内容的理解，从而提升书籍整体的阅读价值和审美价值。

2.2.2 书籍中的插图方式

考虑到书籍版面的局限性、印刷成本及内容表达需求，设计师需要选择合适的插图方式，常见插图方式有题图、文中插图、全页插图、跨页插图、连页插图等。

- 题图。题图是指插放在书名或标题周围作为背景的插图，所占面积较小，一般期刊、小说集、散文集常常用题图。题图与标题连成一个整体，与文章内容相吻合，或与文章中某一内容相一致。
- 文中插图。文中插图是指将插图和文字组合编排在同一页面中，一般占页面的四分之一或三分之一。插图可放在页面的上下左右任意位置，但内容要尽量与四周的文字相对应，或与文中某一段或某一句相对应。
- 全页插图。全页插图是指插图几乎占据整个页面，该页面没有文字或只有少量说明性文字，一般一个章节或一个完整的故事可能会用到一幅全页插图。全页插图内容要与所在章节或全书中精彩、有代表性的段落相对应。

▲ 章首页题图

▲ 文中插图

▲ 全页插图

茶花女
[法]小仲马著

▲ 张守义先生为世界名著丛书创作的封面题图

名家品读

张守义

张守义（1930—2008 年）从事书籍装帧设计 40 余年，曾担任人民出版社编辑室主任、编审，以及中国美术家协会插图和书籍装帧艺术委员会主任。作为我国著名的设计师，张守义的装帧设计、插图创作曾多次获全国奖，其装帧作品被誉为“舞矛亦舞盾，能舞又能文”，其著作有《张守义外国文学插图集》《插图艺术欣赏》《装帧艺术设计》等。

扫一扫

图片：张守义作品赏析

张守义擅长以简洁娴熟的黑白画来绘制人物的五官、身体，借此表达丰富的情感，代表作品有《茶花女》《巴尔扎克全集》《简·爱》《悲惨世界》等书籍的插图，以及绘制的鲁迅、歌德、托尔斯泰、泰戈尔、巴尔扎克、雨果等人物肖像插图，他所创作的中外作家肖像作品被世界各国作家纪念馆收藏，其艺术成就载入了《中国当代名人录》。

● 跨页插图。跨页插图是指插图由一页跨越到另一页，内容大多较为复杂，当文字描述到一些宏大的场景时，或一个页面无法完整展现图画时，通常会采用跨页插图。

▲ 跨页插图

● 连页插图。连页插图是指在连续多页中采用同一主题、内容密切相关、逻辑连贯的特殊插图，一般根据内容需要或书籍整体的设计需要才会考虑创作连页插图。

2.2.3 书籍中插图的表现形式

随着时代的发展，更多科技融入书籍插图创作的过程中，不断丰富着插图表现形式。一般有艺术插图、科技图解、信息图表3种表现形式，每种表现形式的插图内容有所区别，适用于不同类型的书籍。

1. 艺术插图

艺术插图是指对书籍起到装饰和美化作用的插图，具有较强视觉冲击力和艺术感染力，甚至可以弥补文字表现力的不足，带给读者更多想象空间，常用于美术、设计、儿童读物及文学类书籍。

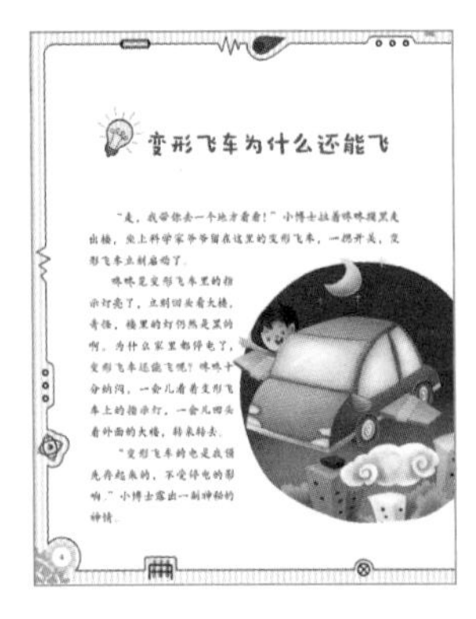

◀ 儿童读物中的艺术插图

设计师在创作艺术插图时拥有较大的创作余地，可根据书籍的主题内容和中心思想来自由发挥，提炼书中精彩、核心的部分，并进行艺术加工，最终使用具有表现力与美感的艺术手法来呈现，如版画、油画、国画、水彩、素描、漫画、摄影等各种手法。

2. 科技图解

科技图解是指以逻辑清晰、表现直观的插图来辅助解释文字内容，或是使用具有科学性的图形来解释复杂的自然规律及深层次的科学思想，常用于医学、科学、工程、机械、军事及工具类书籍。

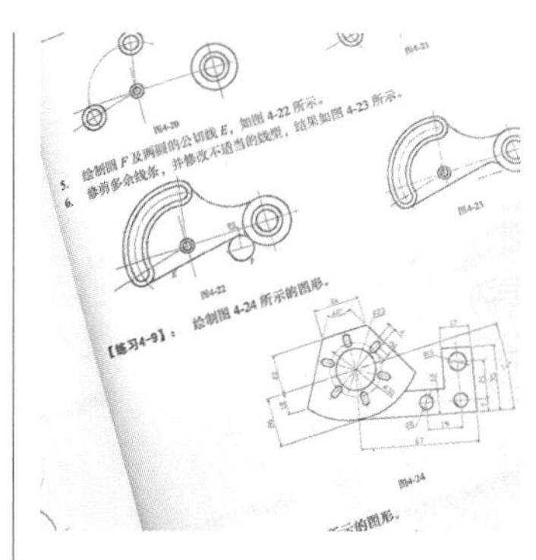

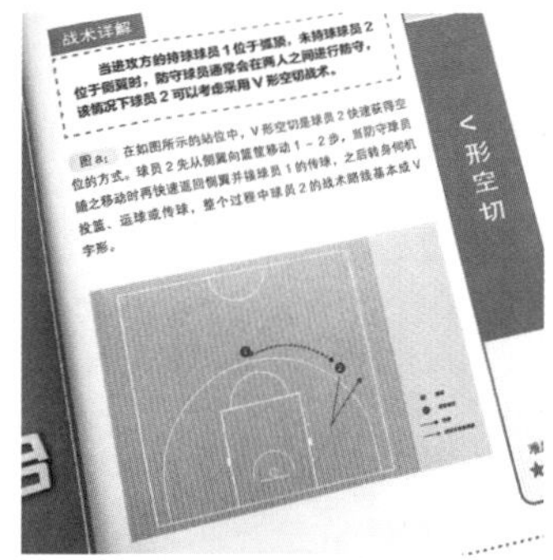

▲ 科技图解

设计师在创作科技图解时无须追求炫酷、强烈的艺术表现力，而应将创作重心放在如何帮助读者理解书籍内容，如何表达说明文字难以表述清楚的内容等方面，将技术或科学原理表述清楚、准确，同时图解的结构完整、造型明确。在此基础上，设计师再考虑如何为科技图解锦上添花，增加其艺术性，从而增加科技图解的吸引力。

3. 信息图表

信息图表是指将信息转化为易于理解的、可视化的表现形式，采用图像、文字、图形、色彩等元素编码信息，将信息表达得更加形象、有秩序。信息图表不是文字的陪衬或辅助，而是和文字同等重要的内容，其内容虽然和前后文基本不重复，但却有逻辑上的连贯性和内容上的关联性。

设计师在创作信息图表时，要有对文字信息的理解、梳理和扩充过程，即深刻理解文字，重新梳理文字信息的逻辑关系，创造出有利于信息传达、扩充前后文信息的有效图表，使文字信息更容易阅读。

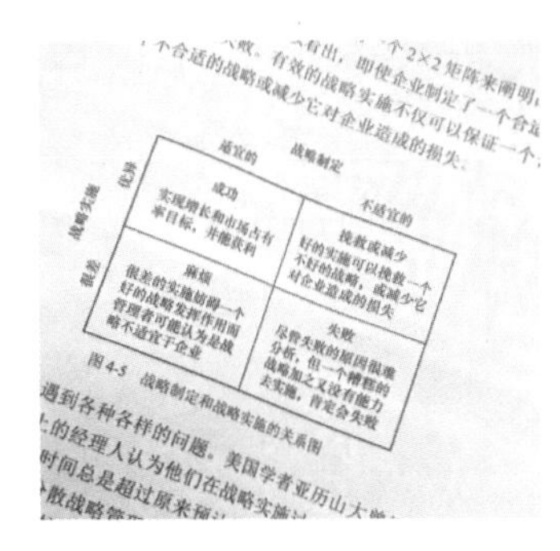

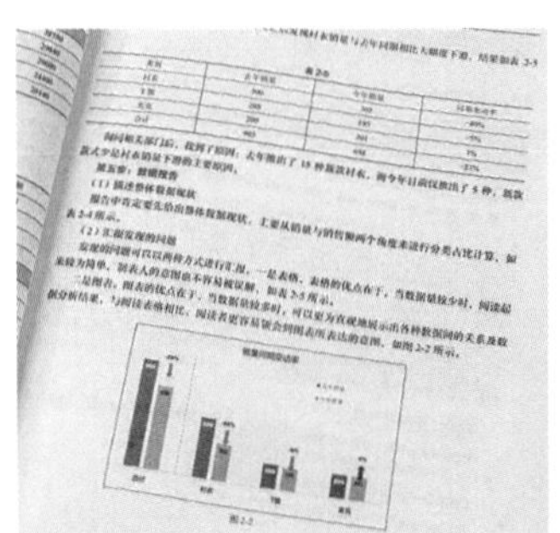

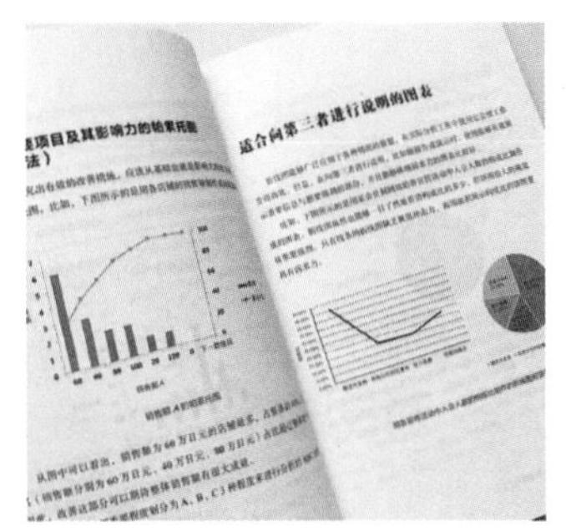

▲ 信息图表

【案例设计】——《书法文化》封面插图设计

1. 案例背景

扫一扫

2.2.3《书法文化》封面插图设计

某出版社准备出版一本文艺类图书《书法文化》，需要设计师设计图书封面，封面尺寸为210mm×297mm，要求以与书法相关的插图为主，彰显书法之美和中国传统文化内涵，插图采用水墨风格，营造悠远的意境。

2. 设计思路

本书与书法紧密相关，因此可在封面中添加内容为书法字帖的插图，直观地展示书法之美，再添加写书法过程中用到的笔墨纸砚插图，营造浓厚的文化氛围。

3. 操作提示

其具体操作如下。

（1）新建文件。启动Photoshop 2022，选择【文件】/【新建】命令或按【Ctrl+N】组合键，打开“新建文档”对话框，设置文件名称为“《书法文化》封面”、宽度为“216mm”、高度为“303mm”（由于在画面上下左右各预留了3mm的出血区域，因此这里新建的文档宽度、高度均增加了6mm）、分辨率为“300像素/英寸”、颜色模式为“CMYK颜色”，单击创建按钮。

出血线是用来界定印刷品哪些部分需要被裁切掉的线，裁切部分被称为出血。由于在印刷时无法完美地对齐纸张，导致裁切位置并不十分精准，为确保印刷品被完整打印，避免裁切后的成品露白边或裁到内容，设计师在进行书籍装帧设计时应在画面周围设置出血线。出血线以外的区域为出血区域，该区域不放主要内容，一般仅将作品背景延伸至该区域。出血区域的大小要根据具体设计需求和印刷要求而定，一般预留2～4mm的区域。

（2）建立参考线作为出血线。选择【视图】/【新建参考线】命令，打开“新建参考线”对话框，单击选中“水平”单选按钮，设置位置为“3mm”，单击确定按钮。使用相同的方法，依次在水平300mm、垂直3mm、垂直213mm的位置创建参考线。

（3）添加水墨背景素材。选择【文件】/【置入嵌入对象】命令，打开“置入嵌入的对象”对话框，选择“水墨背景.jpg”素材（配套资源\素材\项目2\水墨背景.jpg），单击置入(P)按钮，拖曳素材四周的定界框调整素材大小，使其与画面大小一致后，按【Enter】键确认置入。

（4）添加笔墨纸砚素材。使用与步骤（3）相同的方法，置入“笔墨纸砚.png”素材（配套资源\素材\项目2\笔墨纸砚.png），将其移动到画面左下角，并保证需要的内容在出血线以内，出血线以外的区域不应放置主要内容。

（5）添加书法素材。使用与步骤（3）相同的方法，置入“书法.jpg”素材（配套资源\素材\项目2\书法.jpg），将其移动到画面上方。

▲ 添加水墨背景素材

▲ 添加笔墨纸砚素材

▲ 添加书法素材

（6）制作书法插图效果。由于书法素材自带的背景与水墨背景融合较突兀，因此可以调整书法素材图层，设置该图层混合模式为“正片叠底”，不透明度为“17%”，使书法素材与水墨背景和谐融洽。

（7）添加封面文字。打开“《书法文化》封面文字.psd”素材，将其中所有内容拖入“《书法文化》封面.psd”文件中，并适当调整大小和位置。

（8）查看最终效果。为了便于查看真实的效果，可将其应用到立体书籍中，按【Alt+Ctrl+Shift+E】组合键盖印所有可见图层，打开“书籍封面样机.psd”素材（配套资源\素材\项目2\书籍封面样机.psd），将盖印后的出血线内的封面插图拖入其中，调整封面的大小和角度，最后按【Shift+Ctrl+S】组合键保存所有文件并依次设置文件名称（配套资源\效果\项目2\《书法文化》封面.psd、《书法文化》封面应用效果.psd）。

▲ 制作书法插图效果

▲ 添加封面文字

▲ 查看最终效果

技能练习

某出版社已完成编加《唐诗选集》的工作，接下来要使用提供的素材（配套资源\素材\项目2\《唐诗选集》素材.psd）进行书籍封面的设计，要求封面尺寸为130mm×180mm，封面设计符合书籍气质，需添加简约、古典风格的插图，营造悠远的意境，参考效果如右图所示（配套资源\效果\项目2\《唐诗选集》封面.psd）。

▲《唐诗选集》封面

知识2.3 色彩

色彩具有强大的视觉表现力和情感表达优势，是决定读者对书籍第一印象的关键要素，能够激发读者的阅读兴趣和购买欲望。设计师根据书籍的类型、主题、印刷方式等设计出合适的色彩搭配方案后，不仅能够增强书籍的艺术美感，还能渲染情感氛围，引发读者的联想和共鸣。

2.3.1 色彩基础知识

色彩的三要素为色相、明度、纯度，在书籍装帧色彩设计中，设计师通常需要不断调试色彩三要素，最终获得符合需求的色彩。

1. 色相

色相即色彩的相貌称谓，是色彩彼此之间相互区别的首要特征，用于描述色彩的基本属性，如红色、橙色、黄色、绿色等。不同色相具有不同的情感倾向，象征着不同的意义，设计师可以根据书籍内容的情感氛围及视觉感受需求来选择合适的色相。

- 红色。红色视觉表现力、刺激性和鲜艳度都较强，能够给人热情、勇敢、积极、热烈、喜庆、吉祥等感觉，同时也代表激怒、危险、警示等，常用于专业学术类书籍、文艺类书籍、传统文化类书籍、经济类书籍。
- 黄色。黄色明度较高，十分醒目，能够给人光明、轻快、活泼、明媚、温暖、权威和尊贵等感觉，常用于儿童读物、传统文化类书籍、历史类书籍。
- 橙色。橙色识别性较强，既有红色的热情，又有黄色的轻快，能够给人冲动、兴奋、成熟等感觉，常用于儿童读物、设计类书籍。

▲ 红色在书籍装帧中的应用

▲ 黄色在书籍装帧中的应用

▲ 橙色在书籍装帧中的应用

- 绿色。绿色是大自然的色彩，代表着春天、希望、健康、有机、生长、和平、青春、生命等，能够给人安全、和平、舒适、清新等感觉，常用于自然科普类书籍、农林类书籍、旅游类书籍。
- 蓝色。蓝色较为温和，色彩情绪较为安宁、祥和，能够给人稳重、冷静、理性、博大、自由、高远、深邃、沉着、文静等感觉，常用于旅游类书籍、计算机类书籍、通信类书籍、互联网类书籍、运动类书籍。
- 紫色。紫色的色性比较中性，能够给人神秘、高贵、优雅、奢华、浪漫等感觉，常用于情感类书籍、互联网类书籍、天文类书籍、设计类书籍。
- 黑色。黑色常带来庄严、安静、肃穆、深沉、坚毅等感觉，常用于悬疑类书籍、运动类书籍、书法类书籍、天文类书籍。
- 灰色。灰色象征高雅、低调、诚恳、沉稳、考究，看似简单却一点也不单调，可以和任何色相进行色彩搭配，常用于专业性较强的书籍或人物传记，且一般与其他色彩搭配使用，很少大面积单独运用。

● 白色。白色能表现出纯洁、神圣、虔诚、柔和、脱俗等感觉，常用于文艺类书籍、教材、专业学术类书籍、设计类书籍。

▲ 绿色在书籍装帧中的应用

▲ 蓝色在书籍装帧中的应用

▲ 紫色在书籍装帧中的应用

▲ 黑色在书籍装帧中的应用

▲ 灰色在书籍装帧中的应用

▲ 白色在书籍装帧中的应用

2. 明度

明度是指色彩的明暗程度，也称为亮度。在彩色中添加的白色越多，明度越高；添加的黑色越多，则明度越低。

● 高明度色彩。高明度色彩会给人明亮、轻松、活泼、优雅、轻盈、柔软、扩张、膨胀的感觉，有利于营造阳光、清新的氛围，让人心境开阔、心情愉悦。

● 中明度色彩。中明度色彩会给人平淡、含蓄、模糊、朴实、稳健的感觉，有利于营造朦胧、含蓄、神秘、淡雅的氛围，让人心情平静。

● 低明度色彩。低明度色彩会给人威严、严谨、迟钝、稳重、坚硬、收缩、幽暗、后退、缺乏生气、爆发性强的感觉，有利于营造压抑、忧郁、沉重、幽静的氛围，引人遐想和深思。

3. 纯度

纯度是指色彩的鲜艳程度，也称为饱和度。色彩中含有的本色（组成自身色彩的色光）越多，纯度就越高；反之，不论添加任何颜色都会使色彩纯度变低。

- 高纯度色彩。高纯度色彩给人扩张、膨胀、清晰、明确、华丽、生动、刺激、醒目的感觉，视觉效果直接、强烈，能有效吸引人注意。
- 中纯度色彩。中纯度色彩给人舒适、缓和、温馨、稳重、沉静、细腻的感觉，具有高雅、成熟、自然之美。
- 低纯度色彩。低纯度色彩给人低调、朴素、平淡、稳定、陈旧的感觉，能营造平静、凝重的氛围。

2.3.2 书籍的印刷色与色彩搭配方式

设计师获得所需色彩后，需要处理好色彩的构成和比例，以及对比与调和关系，使之产生和谐舒适的视觉效果，满足读者的审美需求，进而唤起读者的阅读欲和购买欲。此外，在印刷书籍时，通常需要设置好印刷色，为提高印刷效率和减少色差，甚至在装帧设计这一环节就需要设计师运用印刷色来设计书籍。

扫一扫

2.3.2 书籍的印刷色与色彩搭配方式

1. 印刷色

印刷色是将颜料、油墨等，通过涂抹或印刷附着在物体上的颜色。印刷色由C（Cyan，青色）、M（Magenta，洋红色）、Y（Yellow，黄色）和K（Black，黑色）按照不同百分比混合组成，C、M、Y、K也是印刷四原色。在印刷时，这4种颜色都有各自的色版，因此实际上，在书籍纸张上面的4种印刷原色是分开的，但相互距离很近，由于人眼的分辨能力有限，所以分辨不出来，人们得到的视觉印象就是印刷原色的混合效果。

为了便于人们清楚地了解印刷色效果，直观地比较和选色，有些企业、出版社、设计机构等专门制作了四色印刷色谱。四色印刷色谱是用C、M、Y、K四色油墨，按不同比例印刷成各种颜色色块，并按一定规律汇集而成的图册。一般来说，每张色谱中的Y、K比例固定，C、M按0%、10%、20%、30%、40%、50%、60%、70%、80%、90%、100%的组成比例变化。下页图所示即Y、K组成比例均为0%时的四色印刷色谱。随着Y、K比例的变化，每张色谱中C、M的变化效果也不尽相同。

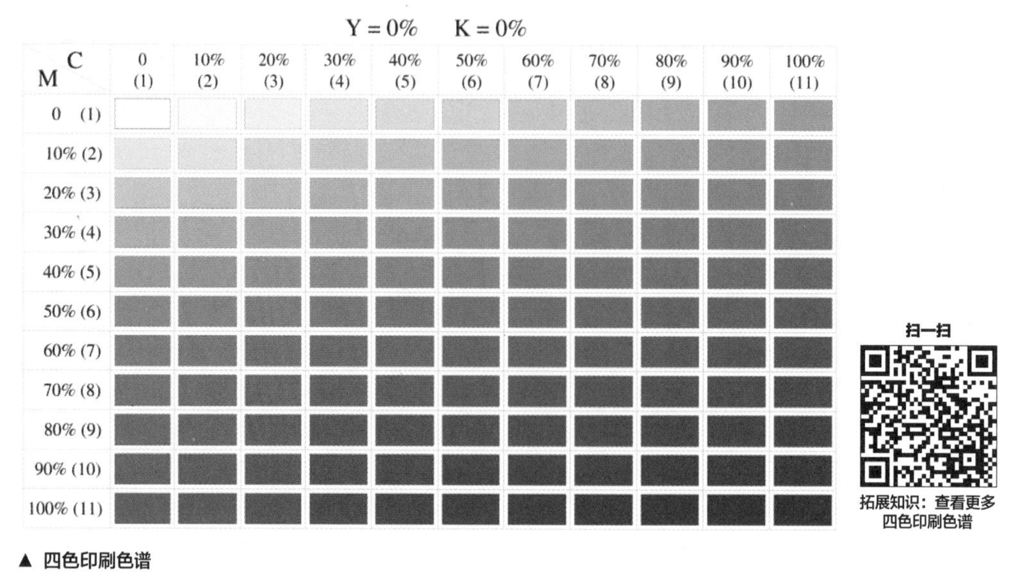

▲ 四色印刷色谱

扫一扫

拓展知识：查看更多四色印刷色谱

除了常用的印刷色，还有多种特殊色可供选择，如金色、银色、荧光色等，这些颜色的印刷属于专色印刷。在书籍装帧设计中，使用金色和银色能带来金属质感，增强书籍的精致感和贵重感，常用在精装书的封面、函套中，以及与传统文化、艺术相关的书籍中；使用荧光色能带来光亮夺目的效果，增强书籍的视觉冲击力和时尚感，常用在绘画书和儿童读物中。

2. 色彩搭配方式

在书籍装帧中，不论是一页之内的色彩，还是不同页面的色彩，都要求色彩之间彼此和谐、呼应。设计师既要考虑色彩的对比，又要注意色彩的呼应与连贯，围绕与书籍内容相符的主体色彩，考虑与其他色彩的搭配方式。

- 同类色搭配。以同类色相为基础，进行不同明度或纯度的色彩搭配，这种配色方式可以塑造色彩单纯、整体感强的版面效果。但要注意在控制明度、纯度的变化时，不要使同类色的视觉效果过于接近，否则会使版面层次感不足、缺乏变化。

- 类似色搭配。类似色色相相近，采用类似色搭配可以为版面带来和谐统一、又富有变化的美感，带给读者协调舒适、平和亲近的感受。

- 对比色搭配。对比色的色彩跨度比较大，因此可以活跃版面，并使内容更加鲜明突出，可以表现出强烈的视觉感受，表达浓重的情感。但为了使版面色彩协调有序，往往会从明度、纯度、透明度、位置、大小等方面进行协调，弱化对比色的对抗性，避免带来凌乱、烦躁的视觉感受而使读者产生视觉疲劳。

CMYK：20,4,22,0
CMYK：42,5,61,1
CMYK：74,25,89,37
CMYK：68,16,89,6
CMYK：57,4,91,1

◀
这本书封面设计运用了同类色搭配，采用了不同纯度和明度的绿色，使色彩富有深浅变化，再搭配不同起伏程度的山峦线条，形成了具有前后空间层次感的封面效果，封面中元素的整体性强，能留住读者视线。

CMYK：75,85,0,0
CMYK：67,12,8,2
CMYK：43,74,0,1
CMYK：79,55,22,49

◀
这本书封面设计运用了蓝色、紫色这组类似色，整体色彩烘托出了神秘、高雅、深邃的氛围，有利于激发读者的阅读兴趣，而且将不同明度和纯度的类似色运用于流动液体图像上，使封面更具艺术气息和层次感。

CMYK：0,78,88,0
CMYK：79,11,77,3
CMYK：72,35,61,60

◀
这本书封面设计采用对比色搭配，将橙色作为主色，鲜艳夺目，视觉效果强烈；再将橙色的对比色——绿色用于背景的装饰图形中，既能形成视觉焦点，又有效强调了图形上的文字。此外，这组对比色的面积占比相差较大，能有效减弱对比色相互之间的对抗性，使封面色彩更加协调。

● 互补色搭配。互补色搭配对比最强，当需要表达强烈的感受时，可以运用互补色搭配，使画面既拥有强烈的色彩对比关系，又因色彩之间相互补充的关系，呈现出统一和谐的色彩效果。

● 无彩色与有彩色搭配。无彩色是指除了彩色以外的其他颜色，即黑色、白色，以及两者之间的灰色。在有彩色与无彩色搭配中，有彩色负责聚焦视线、增强视觉表现力，无彩色则负责包容和衬托有彩色，调和不同的有彩色，能增加版面的韵味，使版面更耐看，引人沉浸在版面色彩的搭配魅力中。

CMYK：18,12,12,0

CMYK：80,25,86,42

CMYK：9,90,96,0

CMYK：59,54,55,82

CMYK：11,6,8,0

◀ 这本书封面设计综合运用了互补色、无彩色，为了减少红绿互补色带来的强烈视觉刺激，选用了低明度的绿色和红色，并搭配灰色、黑色等无彩色，有效协调了封面色彩，使封面更加耐看、更有韵味。

技能练习

1. 某出版社策划了一套关于Office办公软件的丛书，主要讲解Word、Excel、PPT 3个软件的相关知识内容，现要求以每个软件的工作界面颜色为基础（Word工作界面颜色为蓝色、Excel工作界面颜色为绿色、PPT工作界面颜色为橙色），运用同类色的搭配，结合有彩色和无彩色搭配，进行书籍封面设计，要求同类色之间的变化具有层次感，图文、色彩搭配和谐，参考效果如下图所示。

▲ Office办公软件丛书封面色彩搭配参考

2. 通过上网搜索或线下调研的方式，浏览不同类型书籍的装帧设计，如科普类书籍、文艺类书籍、工具书、儿童读物，以及不同主题的杂志，分析与总结每类书籍的色彩搭配特点。

知识2.4 图形

图形是书籍中生动的视觉符号，大多用作装饰。在书籍装帧设计中，设计师可以通过分析书籍内容的情感方向，进行相应的图形设计，使图形全面为书籍装帧服务。

2.4.1 图形的概念、特点及作用

图形是指用轮廓线条对空间进行形状划分所形成的图绘形象。图形与插图具有相似之处，但图形多为矢量图，如由软件绘制而成的矩形、圆形等平面视觉符号；而插图多指主题明确的影像，由手工或软件绘制的插画、图画。

图形具有直观性、独立性，视觉效果简洁、明确、易辨识，还可以被赋予趣味性和幽默感。

图形对书籍的作用主要有两方面。一是装饰作用，增强书籍的形式美感，以装饰书籍的页面为目的，对页面或文字进行修饰，通常被应用在一些空白比较多的页面，如封面、扉页、书名页、目录、前言、篇章页等，以及用于页眉、页脚的装饰，作为纯粹的边饰、底纹，或与书籍内容相关联的纹饰；二是引导作用，运用有指向性的图形来引导读者视线，如手指、放射状圆圈、箭头汇聚于一点的线条等。

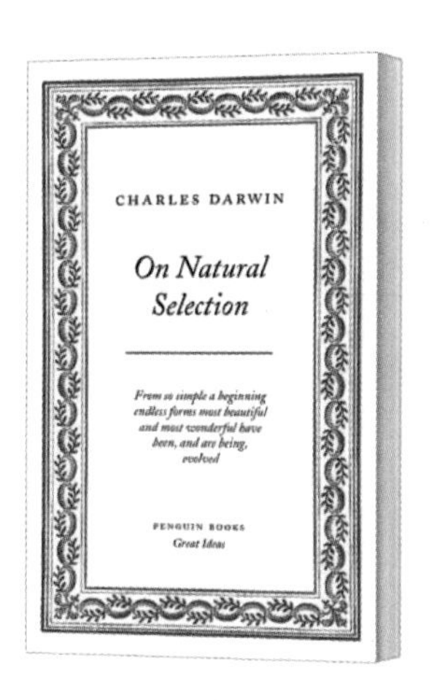

▲《论自然选择》查尔斯·达尔文

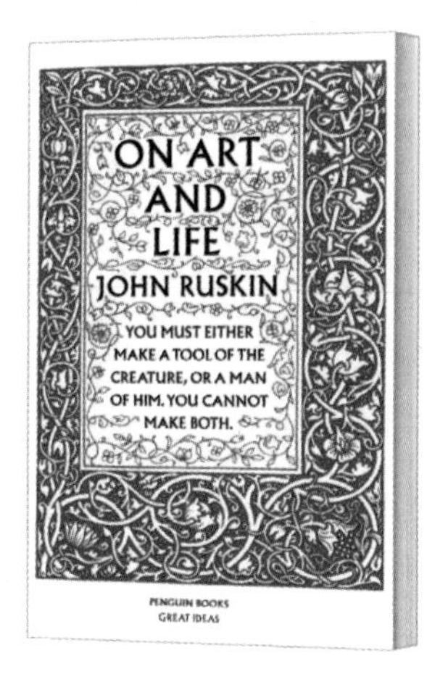

▲《艺术与人生》约翰·罗斯金

在中世纪的欧洲书籍中，用装饰图形来设计封面的方式较为常见，且大多采用古典的藤蔓、花草进行封面的边饰设计，使封面显得雍容华贵。如今，仍然有些古典风格的书籍会采用这样的设计方式，能很好地体现复古风格。

2.4.2 常见的装帧图形类型

在书籍装帧设计中，图形可以分为几何图形、具象图形、抽象图形、拼合图形4种类型。

1. 几何图形

几何图形由简单的点、线、面组成，包括平面几何图形（如三角形、长方形、梯形）和立体几何图形（如正方体、圆柱体、棱锥体）。几何图形在书籍中往往不需要表

达具体含义，而是作为增强版面的形式美感、丰富和美化版面的存在。此外，几何图形还具有一定的象征性，例如，矩形可以象征规矩、成熟；三角形可以象征稳定、神秘；细线可以象征精致；粗线可以象征力量。

将几何图形运用到书籍装帧中时，要注意符合视觉习惯和美学逻辑，处理好几何图形与文字的主次关系，使其在版面中的位置、大小、色彩均协调，并且几何图形要清晰明了，不要过于细碎、含糊不清，也不要过于繁复。

▲ 书籍装帧设计中的几何图形

2. 具象图形

具象图形是以事物在现实世界中的真实形态为基础，进行概括、简化后得到的图形。不同于真实的影像或细节丰富的插画，具象图形更加简洁干净。

将具象图形运用到书籍装帧中时，虽不要求完全写实，但要保证其形态的可识别性，赋予其艺术美感，同时具有一定的表达功能，让读者轻松理解具象图形的含义，辅助读者阅读和理解书籍中的内容。

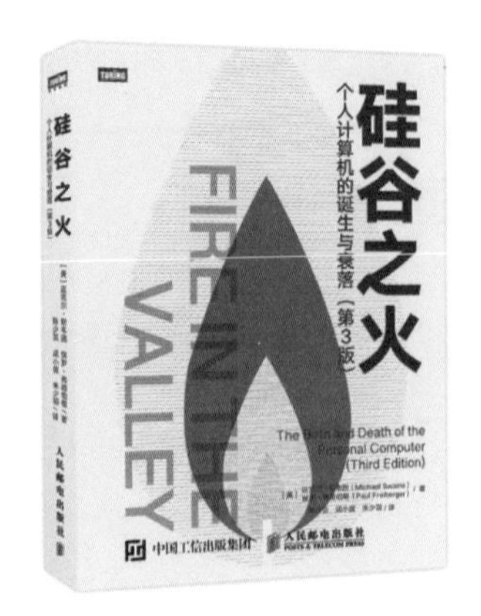

▲ 书籍装帧设计中的具象图形

3. 抽象图形

抽象图形结合了几何图形和具象图形，但比几何图形更富有变化和设计感，比具象图形更简洁、更具秩序感。在表意方面，抽象图形的表达层次往往更深、更有内涵，能留给读者丰富的想象空间。

将抽象图形运用到书籍装帧中时，应重点分析书籍的主题、风格、情感，设计与之相匹配的抽象图形，在氛围和意境方面为书籍锦上添花，使书籍装帧更加高级，体现出艺术性和设计感。

▲ 书籍装帧设计中的抽象图形

4. 拼合图形

拼合图形又称组合图形，是由多个形态完整的图形拼合在一起所构成的，且图形之间具有一定的联系。拼合图形的组合方式通常有叠加、融合、接触、同构、共生、穿插等。

将拼合图形运用到书籍装帧中时，要着重考虑图形之间的呼应关系，调控好位置、大小、色彩等属性，使拼合的图形整体和谐统一，达到均衡的效果。

▲ 书籍装帧设计中的拼合图形

【案例设计】——《100种平面设计色彩方案》色彩和图形设计

1. 案例背景

2.4.2 《100种平面设计色彩方案》色彩和图形设计

《100种平面设计色彩方案》是一本关于平面设计色彩搭配的书，现需要制作封面，要求风格简约、时尚，适当运用图形进行装饰，色彩搭配层次丰富、富有变化，整体视觉效果明亮，能有效吸引读者。

2. 设计思路

在图形方面，本书主题并非具象事物，可以考虑用几何图形来丰富和美化封面，增强封面的形式美感，通过绘制多个不同的圆角矩形并将其倾斜，带来速度感和时尚感；再通过有秩序又富有变化的图形排列，增强封面的设计感。

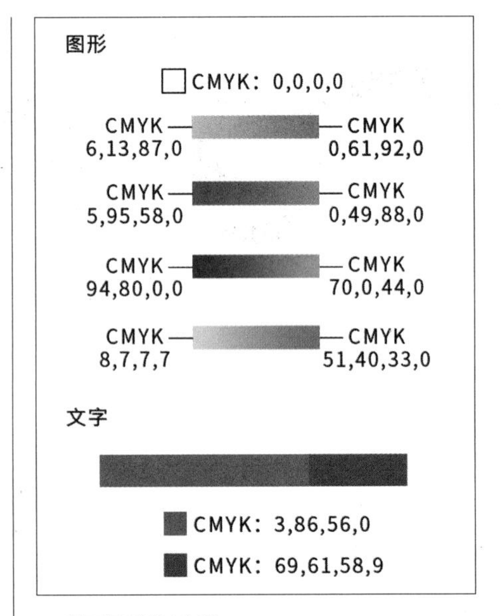

▲ 封面色彩设计方案

在色彩方面，本书属于设计类图书，因此背景的色彩可以使用该类图书常用的无彩色——白色，制造明亮的整体氛围。图形的色彩则运用较高明度和纯度的有彩色，可以以黄色、红色、蓝色等对比色为基础，再进行同类色、类似色的渐变过渡，制造强烈、活泼的视觉效果。另外，为了避免图形过于抢镜，从而使读者忽视文字的设计，可以少量添加无彩色——灰色渐变的图形。

在文字方面，书名是关键文字，可以采用非常醒目的红色；出版社、作者信息则采用深灰色，既易于识别，又能有效衬托红色的书名。

3. 操作提示

其具体操作如下。

（1）绘制渐变矩形。启动Illustrator 2022，打开“色彩书籍模板.ai”素材（配套资源\素材\项目2\色彩书籍模板.ai），选择“矩形工具”▢，在封面左上方绘制一个矩形。单击工具箱底部的“渐变”色块■，打开“渐变”面板，设置渐变角度为“-135°”，渐变颜色为“C6,M13,Y87,K0～C0,M61,Y92,K0”。

（2）制作倾斜的圆角矩形。选中绘制的矩形，单击“属性”面板中“变换”栏右下角的“更多选项”按钮•••，在打开的下拉面板中设置圆角半径均为“4.9 px”。选择

"选择工具"▶，选中画布中的圆角矩形，将鼠标指针移至圆角矩形右上角，当其变为↷形状时，按住鼠标左键不放顺时针旋转圆角矩形。

（3）制作其他色彩的圆角矩形。按【Ctrl+C】组合键复制圆角矩形，按3次【Ctrl+V】组合键粘贴，使用"选择工具"▶依次调整复制后圆角矩形的位置和大小，并通过"渐变"面板分别修改渐变颜色为"C8,M7,Y7,K7～C51,M40,Y33,K0""C0,M49,Y88,K0～C5,M95,Y58,K0""C70,M0,Y44,K0～C94,M80,Y0,K0"，还可适当调整渐变角度、渐变滑块位置。

▲ 绘制渐变矩形

▲ 制作倾斜的圆角矩形

▲ 制作其他色彩的圆角矩形

（4）复制并排列图形。使用与步骤（3）相同的方式生成多个不同色彩的圆角矩形，调整位置与大小，适当排列在封面上半部分。

（5）建立剪切蒙版。选中所有圆角矩形，按【Ctrl+G】组合键编组，使用"矩形工具"▭绘制一个与封面相同位置、相同大小的矩形，选中该矩形和圆角矩形编组，单击鼠标右键，在弹出的快捷菜单中选择"建立剪切蒙版"命令，隐藏位于封面之外的圆角矩形。

（6）输入文字。使用"文字工具"T输入封面文字，设置书名文字的填色为"C3,M86,Y56,K0"，出版社、作者信息文字的填色为"C69,M61,Y58,K9"，其他参数按需设置。

（7）倾斜文字。选择"100"文字，选择【对象】/【变换】/【倾斜】命令，打开"倾斜"对话框，设置倾斜角度为"15°"，单击[确定]按钮。

（8）查看最终效果。使用"矩形工具"▭在"100"文字左侧绘制一条浅灰色分隔线，在"图层"面板中将"压痕"图层拖曳到"图层"面板最上方，按【Shift+Ctrl+S】组合键保存文件，设置文件的名称为"《100种平面设计色彩方案》书籍封面"（配套资源\效果\项目2\《100种平面设计色彩方案》书籍封面.ai）。

▲ 复制并排列图形

▲ 输入文字

▲ 查看最终效果

技能练习

某出版社的儿童读物《儿童的绘画手册》需要设计师设计封面图形和色彩，尺寸为200mm×320mm，要求运用抽象的不规则图形代表颜料、绘画笔迹，运用具象图形表代表画笔，再适当添加一些小巧的装饰图形；色彩方面要求使用中纯度、高明度的色彩，整体设计符合儿童审美，氛围积极、温暖，亲和力强，参考效果如右图所示（配套资源\效果\项目2\《儿童的绘画手册》封面.ai）。

▲《儿童的绘画手册》封面

任务实践

《游江南》装帧设计

扫一扫

《游江南》装帧设计

1. 任务背景

江南是我国的一个地理区域，拥有着深厚的历史和丰富的文化，值得人们发掘和欣赏。从“烟笼寒水月笼沙”到“日出江花红胜火”，自古以来，江南一直是众多文人墨客的常游之地。某古典文学《游江南》以主人公游历江南为主线，展现了江南极富韵味的水乡风貌与风景名胜，以及在当地遇到的趣闻轶事。现需要为该书设计封面，尺寸为

220mm×220mm，要求视觉效果简约、古典、大气，富有韵味，营造出悠远的意境。

2. 任务目标

（1）选择合适的封面文字字体，并合理编排文字。

（2）设计合适的封面插图或图形，传达出江南韵味。

（3）选择合适的封面主色，封面色彩搭配有亮点。

3. 设计思路

本任务需先根据任务背景来构思文字、图形、色彩的设计。

● 文字设计。《游江南》封面的文字内容主要包括书名、作者、出版社信息，还可以添加描绘江南风光的古诗词，丰富文字内容，增加文化内涵，引发读者联想。本书属于古典文学，在字体上可以选择书法体，如为出版社信息、作者等文字运用楷体，为了凸显书名，书名的字体可以选择类似于楷体的手写书法体，这样能使书名文字既与其他文字和谐融洽，又与众不同、富有特点。文字编排方面可以考虑以古书中常用的竖向排列为主。

● 图形设计。江南不仅山峦秀美，且水域众多，因此可以山水为灵感，设计出由线条构成的具象山水图形。在图形布局方面，可以采用曲线型构图，以“游”为灵感，模拟主人公乘船在山水中穿行而过的游览场景，并近大远小地放置山水图形，体现出空间感和纵深感，有利于营造意境。

● 色彩设计。深蓝色较为稳重、宁静、深邃、悠远，常见于古代瓷器、绘画作品中，颇具古典气质。封面可以深蓝色为主色，搭配少量金色，用于勾勒山水线条，这样既能与深蓝色形成对比，起到提亮封面的效果，又能为封面增添精致感；采用无彩色——白色作为封面文字的颜色，使文字醒目、易于识别，又能调和与衬托有彩色。

4. 任务实施

先使用计算机软件制作封面，然后将封面运用到书籍样机中查看立体效果。

（1）新建文件。启动Photoshop 2022，新建名称为“《游江南》装帧设计”、宽度为“226mm”、高度为“226mm”、分辨率为“300像素/英寸”、颜色模式为“CMYK 颜色”的文件，然后运用参考线在画面上下左右边缘各设置3mm的出血区域。

（2）置入背景素材。置入“古朴质感.jpg”素材（配套资源\素材\项目2\古朴质感.jpg），调整大小和位置，作为背景使用。

（3）为背景上色。单击“图层”面板底部的“创建新图层”按钮⊞新建图层，设置前景色为“C100,M78,Y2,K24”，按【Alt+Delete】组合键填充前景色，设置该图层的混合模式为“正片叠底”，得到深蓝色背景效果。

（4）绘制山峦。新建图层，设置前景色为“C0,M0,Y0,K0”，选择“画笔工具”，在工具属性栏中设置画笔样式为“硬边圆压力大小”，大小为“9像素”，平滑为“35%”，在封面右下角绘制多条山峦线条，绘制过程中可适当微调画笔大小，还可使用“橡皮擦工具”擦除多余或错误之处。

▲ 置入背景素材

▲ 为背景上色

▲ 绘制山峦

（5）绘制水波纹。选择“弯度钢笔工具”，在工具属性栏中选择工具模式“形状”，设置填充为“无”，描边为“C0,M0,Y0,K0”，描边宽度为“2像素”，在山峦下方绘制一条起伏均匀的波浪线。绘制完成后，按【Ctrl+J】组合键复制多个波浪线图层。

（6）制作金色效果。选择所有波浪线、山峦图层，按【Ctrl+E】组合键合并图层，置入“金色纹理.jpg”素材（配套资源\素材\项目2\金色纹理.jpg），将金色纹理覆盖在山水图形上，按【Ctrl+Alt+G】组合键创建剪贴蒙版。

（7）布局山水图形。使用步骤（4）~步骤（6）的方式，制作其他山水图形，调整所有山水图形的位置和大小，进行具有透视效果或纵深感的布局。

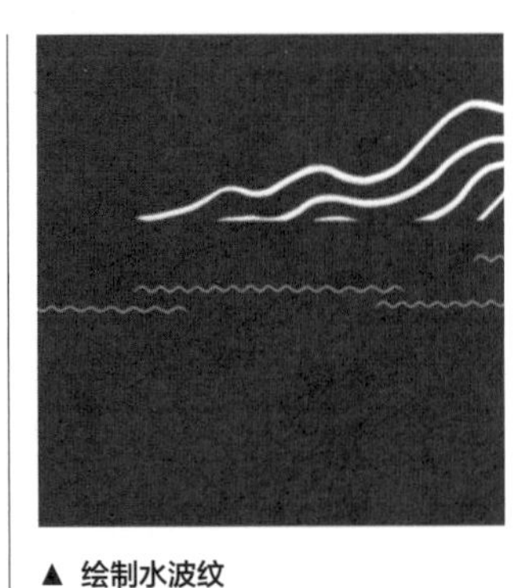

▲ 绘制水波纹

▲ 制作金色效果

▲ 布局山水图形

（8）输入书名。选择“直排文字工具”，在工具属性栏中设置字体为“方正颜真卿楷书 简繁”，文字颜色为“C0,M0,Y0,K0”，分别输入“游”“江”“南”文字，并分别调整大小和位置。

（9）输入其他文字。使用“直排文字工具”IT.在封面右上角输入古诗词文字，选择【窗口】/【字符】命令，打开“字符”面板，设置字体为“方正精品楷体简体”，字体大小为“14点”，行距为“24点”，字距为“100”。使用“直排文字工具”IT.在“江”字右侧输入作者信息文字。使用“横排文字工具”T.在封面底部输入出版社信息，并修改字距为“0”。

▲ 输入书名

▲ 输入其他文字

（10）添加装饰元素。打开“标题装饰.psd”素材（配套资源\素材\项目2\标题装饰.psd），将其中所有内容拖入封面中，调整大小和位置。选择“椭圆工具”○，在工具属性栏中设置填充为“无”，描边为“C0,M0,Y0,K0”，描边宽度为“5像素”，在作者名字与“著”文字之间绘制一个较小的正圆。

（11）查看最终效果。盖印所有图层，为了便于直观地查看封面效果，可将封面效果运用到“书籍封面样机”文件（配套资源\素材\项目2\书籍封面样机.psd）中，最后保存所有文件，并设置样机效果文件的名称为“《游江南》装帧设计应用效果”（配套资源\效果\项目2\《游江南》装帧设计.psd、“游江南”装帧设计应用效果.psd）。

▲《游江南》装帧设计参考效果

举一反三，收集古典文学《徐霞客游记》的相关资料，为其设计一版书籍封面，并阐述文字、色彩、图形或插图创意理念，要求效果稳重、大气，具有古韵。

扫一扫

项目2图片：参考示例

知识拓展

书籍装帧中民族风格的色彩

书籍记录着人类文明的发展，随着不同地域的人们发展出不同的文化背景、宗教信仰、生存环境、风俗习惯、生活方式，逐渐诞生出众多的色彩审美观念，人们对色彩的认知和接收也具有了民族性的特征。色彩的民族性作用于一个民族的色彩审美心理，人们对色彩的心理感受有所不同，形成不同民族色彩爱好的差异性，使得各民族对色彩美感的评定标准不同，这影响着不同民族的钟爱色或禁忌色。

▲
《中国孩子的梦》封面运用了大量中国传统色和民族传统图形。

由此可见，设计师在设计与运用色彩时，应当考虑不同读者所在地域的特殊性，了解他们的历史文化、宗教信仰及风俗习惯等，这样才能掌握好色彩运用的“因地制宜”，获得目标读者的青睐和认同，避免由于文化差异用错禁忌色彩、表错情感。

我国从古至今发展出了丰富的中华民族色彩文化。例如，明黄色在我国古代是帝王之色，象征着尊贵，具有明亮和富贵的含义，代表着鲜明的个性、沉甸甸的财富；中国红（又称绛色）对中国人来说象征着热忱、奋进、团结的民族品格，蕴含着丰富的文化内涵和中国情结，代表着喜庆、吉祥、喜悦和祝福；青色自我国古代以来就有着浓厚的人文气息和文化底蕴，在我国哲学思想中青色有反映高尚情怀的含义，古代还把高官显爵称为“青紫”，把道德高尚且有威望的人称为“青云之士”，文人雅士常身着青衫以彰显气质和风骨。

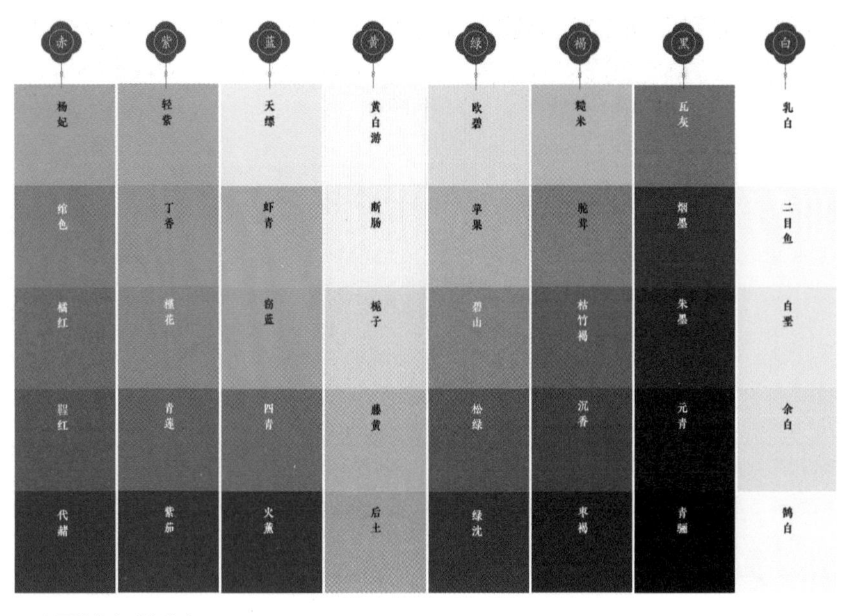

▲ 中国传统色（部分）

运用民族色彩是保证书籍色彩艺术独树一帜、走出个性道路的途径之一，也是书籍装帧设计的新趋势。对中国设计师来说，如何继承、学习、融合、发展中华民族色彩文化，如何借鉴、吸收和创新世界现代色彩文化，如何彰显中国书籍装帧设计的色彩艺术与民族风格，是需要持续努力的方向。

03

项目3 书籍装帧整体设计

书籍装帧设计可以说是一个多元化、多角度、多层次的系统工程，涉及策划、内容编辑、形态设计、印刷、装订等一系列环节。对每本书来说，无论是书籍外表的封面、封底、书脊，还是书籍内部的环衬页、扉页、目录和内文页，都需要设计师精心策划。因此，设计师不仅要掌握书籍装帧设计各个环节、书籍各个结构的设计知识和装帧技能，还要把控好书籍的整体风格，使书籍局部与整体协调统一。

书籍设计是全方位整体的构筑系统，它涉及工艺、材料、印刷、装订等方面的选择与表现。

——李长春

学习目标

1 学会进行书籍整体规划，包括确定开本、装订方法、纸张材料、印刷工艺等。

2 掌握书籍外部结构的设计要点，能够设计函套、护封、封面、书脊、腰封、勒口、切口等。

3 掌握书籍内部结构的设计要点，能够设计环衬页、扉页、版权页、前言页、目录页、内文页等。

4 熟悉立体书结构设计。

素养目标

1 树立整体意识，培养全局思维和系统性思考能力。

2 培养创新思维，以及书籍装帧设计的创新意识。

3 在书籍装帧整体设计中培养严谨细心的工作态度。

课前讨论

请扫描右侧的二维码，查看《西游记》不同版本的书籍装帧设计效果，思考以下问题。

1 这些书籍装帧设计涉及的内容分别有哪些？

2 每本书的书籍装帧设计有何特点？在尺寸、纸张、印刷方面有何特色？

图片：课前讨论

知识分解

知识3.1 书籍装帧整体规划

在书籍装帧设计的前期规划环节，大致需要确定书籍的开本、印刷材料、印刷工艺、装订方法等，以便根据书籍的呈现形式、材料印刷效果等设计出精美的视觉效果。

3.1.1 书籍的开本

设计一本书时，首先要确定书籍的开本，即书的大小。通常把一张按标准分切好的平板原纸称为全开纸。原纸纸张有国际标准和国内标准，国际标准的称为大度纸（也称A类纸），全开大度纸毛尺寸为1194m×889mm，成品净尺寸为1160mm×860mm；国内标准的称为正度纸（也称B类纸），全开正度纸毛尺寸为1092mm×787mm，成品净尺寸为1060mm×760mm。之所以上述原纸毛尺寸比成品净尺寸大，是因为书籍在成书后，除了订口，其余3条边都需要裁切，这样书籍的形态才能更加工整。

以不浪费纸张、便于印刷和装订生产作业为前提，把一张全开纸裁切成面积相等的若干小张，纸张的开切数量就是开数，开切后的版面大小就是开本。例如，将一张全开纸均匀地开切，每张开切成32张，称为32开本；每张开切成64张，称为64开本，以此类推。另外，开切数量中的开又以K表示。

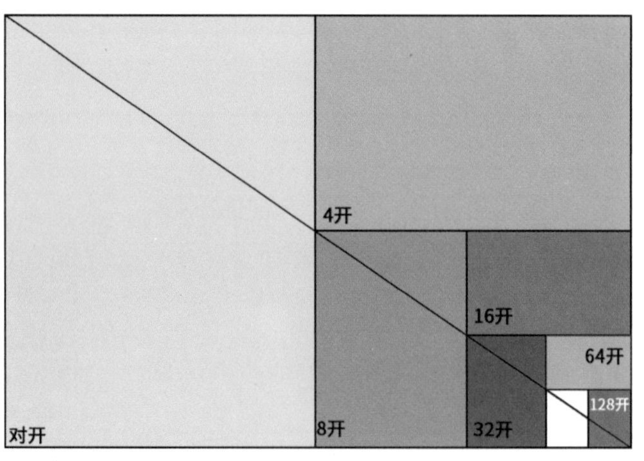

▲ 标准开数分割法

1. 开本的尺寸

由于全开纸张的规格有所不同，所以开切后的开本尺寸也不同，以全开正度纸、全开大度纸为基础，常用的开切毛尺寸与成品净尺寸如表1和表2所示。

表 1　正度纸开本尺寸

正度纸开本	开切毛尺寸	成品净尺寸
8 开（8K）	393.5mm×273mm	375mm×260mm
12 开（12K）	273mm×262.3mm	260mm×250mm
16 开（16K）	262.3mm×196.75mm	260mm×185mm
24 开（24K）	196.75mm×182mm	185mm×170mm
32 开（32K）	196.75mm×136.5mm	185mm×130mm
64 开（64K）	136.5mm×98.37mm	120mm×80mm

表 2　大度纸开本尺寸

大度纸开本	开切毛尺寸	成品净尺寸
8 开（8K）	444.5mm×298.5mm	430mm×285mm
12 开（12K）	298.5mm×296.3mm	285mm×285mm
16 开（16K）	298.5mm×222.25mm	285mm×210mm
24 开（24K）	222.5mm×199mm	210mm×185mm
32 开（32K）	222.5mm×149.25mm	210mm×140mm
64 开（64K）	149.25mm×111.12mm	130mm×100mm

2. 开本的选择

书籍开本的选择要根据书籍的不同类型、内容性质、篇幅、目标读者、价格等因素来决定。不同的开本选择会带来不同的书籍排版效果，带给读者不同的视觉感受，只有开本选择得当的书籍，才能在形态与内容上相得益彰，更受读者欢迎。

（1）根据书籍的类型和内容来选择开本

不同类型和内容的书籍，适合的开本也不同。

● 内容以图片为主的书籍，如画册、摄影集等，可以选择12开、8开等大开本，幅面开阔更便于展示图片细节。对于画册，还要根据画作尺寸考虑选择正方形或长方形的开本，如幅面狭长的中国画画册常用长方形开本。

● 科技类书籍若配有较多的图表、插图，可以考虑16开等较宽的开本，便于穿插图文和图表。

● 杂志、教材这种信息庞杂的书籍通常采用16开。

● 经典学术理论著作、名著、巨著等可以选择32开及以上。

● 文学类书籍为便于读者阅读一般采用32开，诗集、散文集还可以采用更小的开本，显得轻盈秀丽。

● 内容非常全面繁多的工具书，如百科全书、辞海等，多用16开；简单的工具书、小字典、手册、口袋书多用32开、64开等较小开本。

（2）根据书籍的篇幅来选择开本

篇幅是指文章的长短，书籍篇幅则是指书籍图文内容的多少。当书籍篇幅较多时，可以选择较大的开本，以便得到与开本比例恰当的书脊厚度；若选择了小开本，容易得到与开本尺寸不协调、非常厚的书脊，使书籍整体更显笨重，且过厚的书脊容易造成装订断线、不便翻阅等情况。

当书籍篇幅较少时，宜选择小开本，使书籍整体形态比例美观；若选择了大开本，则易造成书籍单薄、内容没有分量。

▲ 较大开本、篇幅较多的画册

（3）根据书籍的目标读者来选择开本

如果书籍的目标读者是青少年，则一般会把书放在能提供支撑的平台上阅读，因此可选择较大的开本，如果内容较少，也可以做成小开本的口袋书，方便青少年拿在手上翻阅。此外，由于青少年好奇心较强，为了增强青少年的阅读兴趣，还可以选择异形开本。

▲ 便携的学生工具书

如果书籍的目标读者是老年人，由于其年龄较大，视力可能较弱，因此书中文字需要适当大一些，可以选择较大的开本。

如果想要目标读者能随时阅读书籍，如学生用的工具书，或是可以旅途中阅读的散文、小说、随笔、攻略等，需要便于携带，那么可以做成较小的开本。

（4）根据书籍的价格来选择开本

无论采用什么样的开本，都应考虑节约纸张，因为纸张是书籍的主要成本，它会影响书籍的印刷费用，进而影响书籍定价。所选开本在全开纸的基础上裁切得越少，纸张浪费就越少，并且通过大批量机械化操作和印刷，还可节约成本；所选开本裁切越多，则浪费的纸张越多，如异形开本，价格往往更高。

3.1.2 书籍印刷材料

书籍印刷材料是为了配合书籍的内容形式而应用的承载物，由于不同材料的印刷效果不同，因此在设计书籍装帧视觉效果前，最好先确定印刷材料，以便根据印刷材料调整色彩等设计要素，设计出符合预期印刷效果的书籍装帧。在选择书籍印刷材料时，设计师必须充分考虑各种材料带给人们的感受，以及成本、印刷效果、材料性能等，使所选材料与书籍的气质共通，使书籍整体和谐、自然。

1. 主要承印物——纸张

纸张不仅是书籍信息的承载物体，还可凭借不同的质地、光泽、色彩、肌理，传达出粗放、细腻、怀旧、时尚等不同的情感。设计师需要了解不同纸张的特点，选择恰当的纸张，使书籍的信息传达更加完美。

▲ 胶版纸

- 胶版纸。原名道林纸，主要供平版（胶印）印刷机或其他印刷机印刷较高级的彩色印刷品，适合印制单色或多色的画册、期刊画报、封面、正文、插图。胶版纸造价较低，具有触感平滑、质地紧密、伸缩性小、不透明的特点，纸张抗水性较强，印刷时对油墨的吸收比较均匀。
- 轻型纸。质量轻，底色柔和，反光度小，视觉舒适，质地柔韧，不透明。轻型纸多用于休闲类、文学类书籍，这种材料的书籍手感轻软，携带轻松。
- 新闻纸。质地柔软，富有弹性，吸墨与吸水性强。新闻纸较多应用在报纸等印刷品中，对图片的印刷质量较差。
- 铜版纸。铜版纸是在原纸（用于进一步加工制成各种纸的纸张）上涂一层白色碳酸钙涂料，经过烘干、压光所制成的高级印刷纸，又称涂料纸。铜版纸触感细腻光滑，抗水性较好，对油墨的吸收性良好，可以印刷出精细、光洁的网点效果，在印刷图片方面还原度很高，能呈现层次丰富、色彩艳丽的图片效果，因此被大量应用在宣传册、画册、图册等以图片为主的印刷品中。常见的普通铜版纸较为反光，但哑粉铜版纸（又称哑粉纸、无光铜版纸）不太反光，因此多用于印刷朴实风格的画册、杂志、书籍插图。

▲ 铜版纸

● 特种纸。特种纸泛指具有特殊效果、特殊材质的纸张，包括各种花色的纸、有肌理的纸、金属质感的纸、透明的纸、半透明的纸、涂塑纸、无纺纸、手工纸等，能给读者一种独特的视觉与触觉感受。

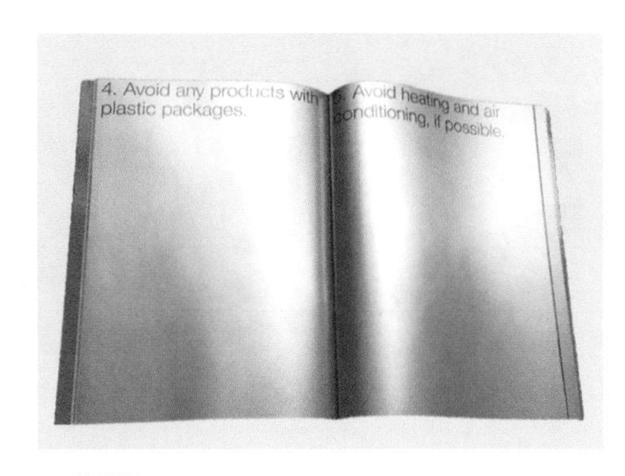

▲ 特种纸

2. 其他装帧材料

近年来，人们对书籍的要求已不再满足于单一的阅读，开始希望书籍能够更加精美、新奇，更具收藏价值。因此，各种材料的应用频频出现在各种书籍的装帧设计当中，如在书籍的护封、函套等设计中，采用织物、皮革、木材、PVC等材料，除了对书籍起到保护作用，更装饰了书籍，增添了独特的魅力。

● 织物。织物具有强烈的亲和力，可以使书籍具有环保、舒适的感觉。织物的面料丰富，可选空间较大，而且加工工艺简单、成本低廉、效果良好，常用于精装书的封面装裱。

● 皮革。皮革也是精装书籍常用的封面装裱材料，给人一种古典、怀旧的感觉，具有浓浓的复古情调，气质深沉独特，也用于高档书籍的函套。

● 木材。木材是自然界的天然材料，质地松软，易加工，表面具有天然的优美纹理，并且木材加工工艺和手段丰富多样，大多用在封面和函套中。

▲ 织物

▲ 皮革

▲ 木材

● PVC。PVC材料透明度高、手感光滑、工艺简单、效果良好，还有多种鲜艳的颜色，所以在现代书籍装帧设计中应用较为广泛。PVC透明、朦胧的效果，可以使书籍更加独特，带给读者新颖的视觉感受。

3.1.3 书籍印刷加工工艺

在后期印刷时经过一定的深加工，如烫印、凹凸压印、上光、滴塑等加工工艺，能使书籍产生特殊的视觉效果，提升书籍的价值和档次，有些还能起到保护书籍、便于存放的作用。

● 烫印。烫印是指在印刷品表面烫上色箔等材料的文字和图案，或用热压方法压印上各种凸凹的书名或花纹。烫印工艺可以表现出金属质感，烫金、烫银便是常见的烫印工艺。烫印的金银一般采用电化铝加热印制而成，这种金银的光泽度高、覆盖性极强，具有金属质感。需要注意的是，这种烫印金银的工艺在印刷过程中一般作为最后一道工序，因为烫印后的金银表面已不能再应用其他印刷工艺。

▲ 烫印

● 凹凸压印。凹凸压印是指先制作凹板和凸版，再将纸张加入其中，经过压力作用使纸张产生浮雕一般的凹凸效果。另外，运用该工艺时，由于纸张需经过压力成型，因此纸张不能太薄，最好采用单张重量200克以上的纸张。

▲ 凹凸压印

● 上光。上光是指在印刷品表面涂、喷、印一层透明的涂料，即盖一层光油，光油干燥后会在表面形成一层薄而均匀的光亮层，起到保护及增加光泽的作用。上光包括全面上光、局部上光和特殊涂料上光等工艺，可以形成哑光与亮光的对比，突出亮光部分的视觉重点。

▲ 上光

● 滴塑。滴塑是指将透明的柔性或硬性的水晶胶均匀地滴到印刷品表面，使表面产生水晶般的凸起，带来晶莹、立体的效果，更能吸引读者去触摸印刷品表面。滴塑后的表面还具有耐水、耐潮、耐UV光等性能。

▲ 滴塑

● 覆膜。覆膜是指将透明塑料薄膜覆盖在印刷品表面，通过黏合剂加热、加压后，使塑料薄膜黏附到印刷品表面，增强耐摩擦、耐潮湿、耐光、防水和防污的性能。覆膜有光泽型和哑光型两种工艺，光泽型薄膜使书籍表面光彩夺目，富丽堂皇；哑光膜则显得书籍古朴、典雅、柔和，但其成本高于光泽型覆膜。

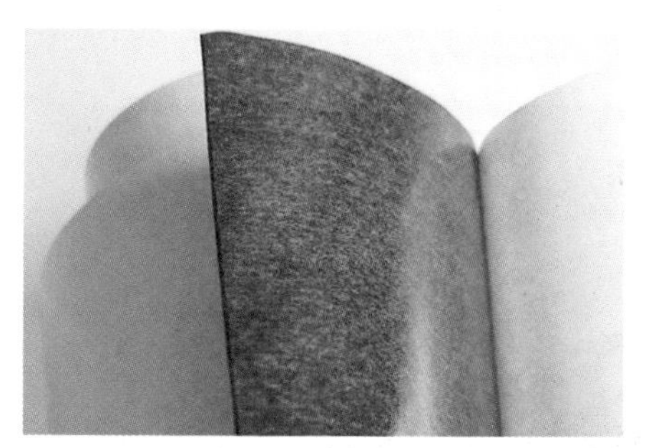

▲ 覆膜

3.1.4　书籍的装订方法

现代书籍装帧技术与工艺已经得到批量化和机械化发展，并且随着个性化的需求，各种各样的装订方法应运而生。

- 平订。平订是指平装书的装订方法，是将印刷后按页码配好的书页相叠，在订口一侧离边沿5mm处用线或铁丝订牢。这种装订方法简便、成本低，订口较紧，但须占用书页的一定宽度，使书页只能呈“不完全打开”形态，如果用来装订太厚的书籍则会导致不易翻页，因此一般只适用于装订页数偏少的书籍。

▲ 平订

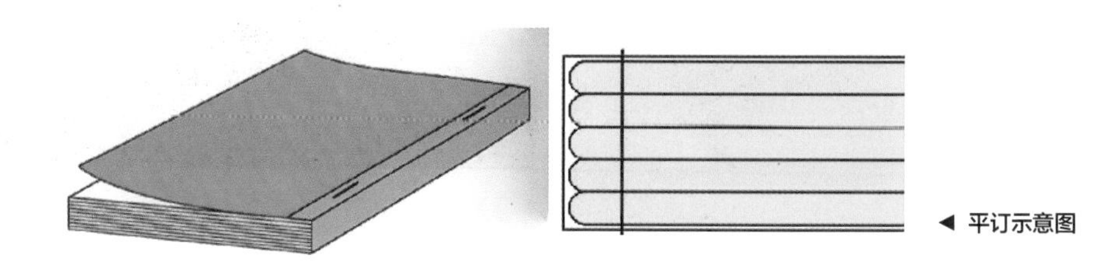

◀ 平订示意图

- 骑马订。骑马订是指在书页的中缝处，将铁丝以订书钉的形式订入，采用这种装订方法的书籍没有书脊，翻阅时书页可以完全展开。但由于骑马订的钉子难以穿透较厚的书，并且骑马订的书过厚易造成书页的脱落和损坏，因此这种装订方法多用于页数不多或厚度少于5mm的期刊、小册子。

● 环订。环订是一种专用于装订活页类书籍的方法，是指利用螺旋线、铁丝环等材料来装订散页，散页需要先打孔再用材料串连成册。环订能带给书籍较好的平展性，效果简洁、大方，操作简单、经济，经久耐用，可用于装订较大幅面的书籍，也常用于装订手册、教育类书籍、儿童读物、操作指南等。

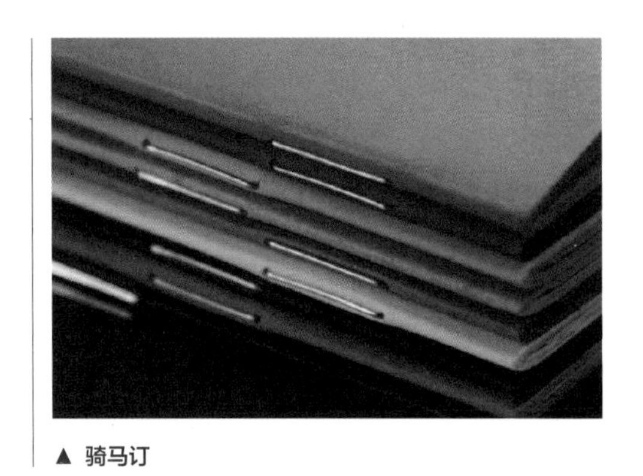

▲ 骑马订

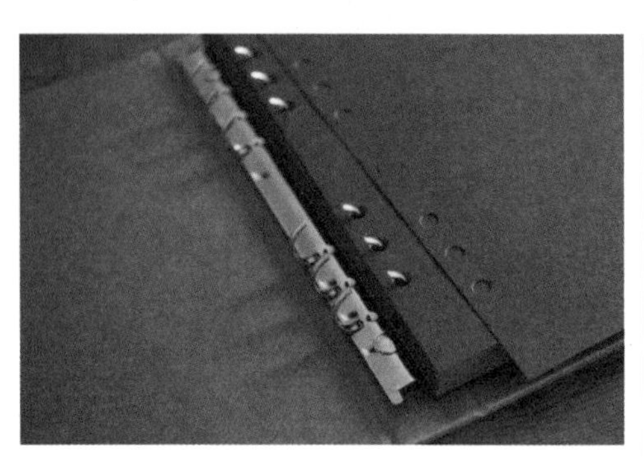

▲ 环订

● 锁线订。锁线订是用线将书页逐页缝接锁紧的方法，成本较高，但装订结实、持久耐用，翻阅时书页还可以完全展开，这种装订方法常用于装订较厚的书籍，如百科全书、辞典等，也常用于装订具有古典气质的文艺类书籍。

● 无线胶订。无线胶订不采用铁丝或线，而是用乳胶之类的黏合剂直接黏合书页。这种装订方法操作简单，适合流水线机械化作业，成本较低，但如果黏合剂没有粘牢，可能容易出现脱页、断胶等现象，所以不适合太厚的书籍。

▲ 锁线订

▲ 无线胶订

● 塑料线烫订。这是一种介于无线胶订与锁线订之间的装订方法，它将两种成熟装订技术的优势合为一体。塑料线烫订先将每张书页的最后一折缝上，从里向外穿出一根特制塑料线，再将穿好的塑料线切断，被切断后的塑料线两端向外形成书页外订脚，然后在订脚处加热，使一处订脚的塑料线熔化并与当前书页折缝黏合，另一订脚的塑料线留在外面准备与其他书页粘连。

技能练习

1. 找一家印刷厂实地参观及调研书籍印刷流程和后期制作工艺。

2. 到书店或图书馆寻找不同开本的书籍，分析这些书籍的印刷材料、印刷加工工艺和装订方法。

知识3.2 书籍外部结构设计

如今，书籍外部结构设计已经被视为一种独立的造型艺术，具有供人品味、欣赏、收藏的独立价值。书籍的外部结构设计主要在于封面、封底和书脊，部分精装书还涉及对勒口、护封、腰封、函套、切口等的设计，主要起保护与美化书籍、简要概括书籍内容，以及在视觉上吸引读者等作用。

3.2.1 封面设计

封面又叫书皮，广义上的封面是书籍装订书芯外封面的总称（包括封面、封底、书籍、勒口等），狭义上主要指书籍封面，印有书名、编著者名、出版社名和反映书籍的内容、性质、体裁的主体图形。封面是吸引读者视线的关键设计，除了要有美观的视觉效果，还需要体现出书籍的精神与内涵，因此需要设计师深入体会书籍内容与情感，准确把握书籍的风格和调性，通过封面设计将读者带入书籍的情节与意境中，激发读者的阅读欲，促使读者产生购买书籍的行为。

▲《-40℃》封面/设计：樊响

▲《一群马 满天星》封面/设计：樊响

樊响，中国出版协会书籍设计艺术委员会委员、郑州平面设计师协会学术委员，其书籍装帧设计作品《-40℃》获2021年度中国“最美的书”，《一群马 满天星》获2022年度中国“最美的书”。

【案例设计】——《猫咪家的日常》封面设计

3.2.1 《猫咪家的日常》封面设计

1. 案例背景

某出版社策划推出猫咪饲养丛书，丛书之一《猫咪家的日常》的内容经过全新修订后，最先进入装帧设计环节。该书是一本以记录作者养猫生活及科普养猫知识为主的书籍，因此副标题被定为“猫咪家庭医学大百科”。现需要设计师以“猫咪家的日常”为书名进行封面设计，要求封面尺寸为170mm×240mm，体现出书名、副标题、作者姓名和出版社名等内容，且具备简洁、清晰、自然等特点。

2. 设计思路

本书名称为《猫咪家的日常》，猫咪作为本书的核心，为了体现猫咪的可爱，整个封面可采用卡通的风格，并以清新、自然的淡紫色为主色。为了体现图书的更多内容，整个封面可采用以文字为主的设计方式，并在标题文字上绘制各种猫咪形象，以契合“猫咪”这一主题；在标题文字下方添加副标题，以及作者姓名和出版社名等文字。

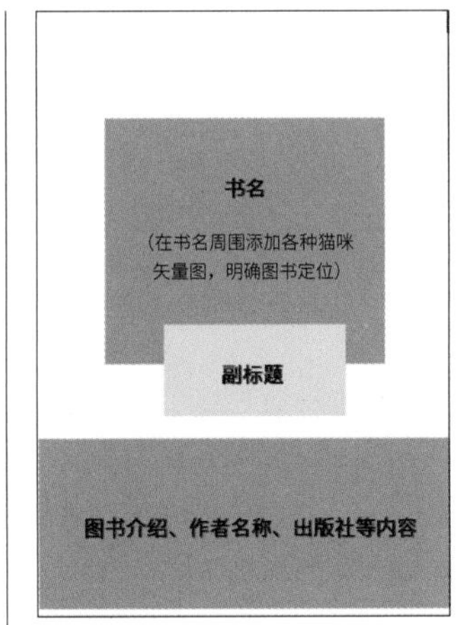

▲ 封面布局

3. 操作提示

其具体操作如下。

（1）新建文件。启动Illustrator 2022，新建名称为“《猫咪家的日常》封面”、宽度为“170mm”、高度为“240mm”、颜色模式为“CMYK颜色”、出血上下左右均为“3mm”的文件。

（2）绘制背景和正圆。使用“矩形工具”绘制一个与画板等大的矩形，设置填色为“C26.51,M21.03,Y1.61,K0”；使用“椭圆工具”绘制7个不同大小的正圆，设置填色为“C0,M0,Y0,K0”，选中这7个正圆，按【Ctrl+G】组合键编组，用作书名的背景形状。

（3）输入书名。使用“文字工具”在背景形状中分别输入“猫”“咪”“家”“的”“日”“常”文字，在“属性”面板中设置字体为“方正琥珀简体”，填色为“C73,M48,Y7,K0”。调整文字的大小和位置，然后选择“常”文字，按【Shift+Ctrl+O】组合键创建轮廓，在轮廓上单击鼠标右键，在弹出的快捷菜单中选择“取消编组”命令，再单击鼠标右键，在弹出的快捷菜单中选择“释放复合路径”命令，选择“常”下半部分，修改填色为“C53,M31,Y5,K0”，并将“常”字中间的“口”的填色修改为“C0,M0,Y0,K0”。

（4）绘制书名高光。选择“钢笔工具”，在文字的中间绘制填色为“C0,M0,Y0,K0”

的形状，用作文字高光，让文字更有亮点。

（5）制作喷色描边书名背景。选择“铅笔工具”，在“属性”面板中设置填色为“C4,M2,Y0,K0”，描边为“C68,M43,Y5,K0”，描边粗细为“1 pt”，沿着书名在周围绘制轮廓，然后在“图层”面板中将轮廓图层移至所有书名文字图层的下方。选中轮廓，选择【效果】/【画笔描边】/【喷色描边】命令，打开“喷色描边”对话框，设置描边长度为“16”，喷色半径为“11”，描边方向为“右对角线”，单击 确定 按钮。

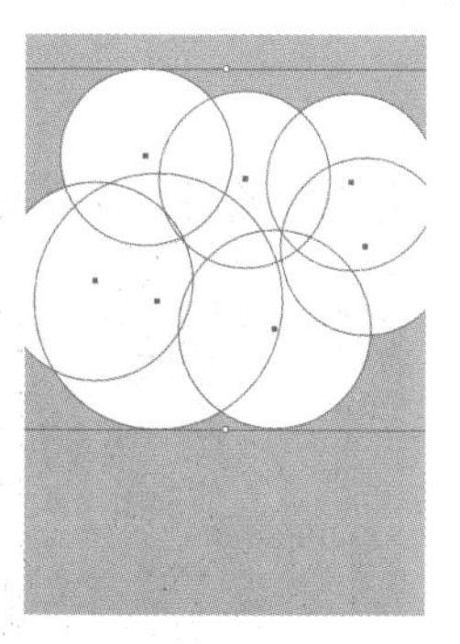

▲ 绘制背景和正圆

▲ 绘制书名高光

▲ 制作喷色描边书名背景

（6）绘制副标题框。使用“矩形工具”在书名下方绘制矩形，设置填色为“C0,M0,Y0,K0”，描边为“C69,M15,Y11,K0”，描边粗细为“0.8 pt”，圆角半径为“4 mm”，然后旋转圆角矩形。使用“钢笔工具”在圆角矩形左、右两侧各绘制一个耳朵样式的形状，并设置填色为“C68,M8,Y6,K0”。

（7）输入副标题和版本信息。使用“文字工具”输入副标题和版本信息文字，设置字体为“方正琥珀简体”，填色分别为“C72,M17,Y10,K0”“C49,M8,Y8,K0”，然后调整文字的大小和位置。

（8）添加其他封面文字和装饰形状。使用与之前相同的方法，输入其他封面文字，并绘制适当的几何图形来装饰文字。打开“猫咪.ai”素材（配套资源\素材\项目3\猫咪.ai），将其中所有内容复制、粘贴到“《猫咪家的日常》封面”文件中进行合理布局，最后保存文件（配套资源\效果\项目3\《猫咪家的日常》封面.ai）。

▲ 绘制副标题框

▲ 输入副标题和版本信息

▲ 添加其他封面文字和装饰形状

3.2.2 封底设计

封底是整本书的最后一页，其文字内容一般为作者简介、责任编辑、装帧设计者署名、条形码、定价等。精准把握书籍精髓的封底设计，能够带给读者心灵冲击，使其阅读后意犹未尽，从而加深对书籍的良好印象。书籍的封底设计需与封面、书脊相呼应，如对封面与书脊图像进行补充、重复、延续等，但要注意不能将封底设计得过于夸张，避免喧宾夺主。

▲《网店视觉设计与制作》封底

▲《包装设计项目式教程》封底

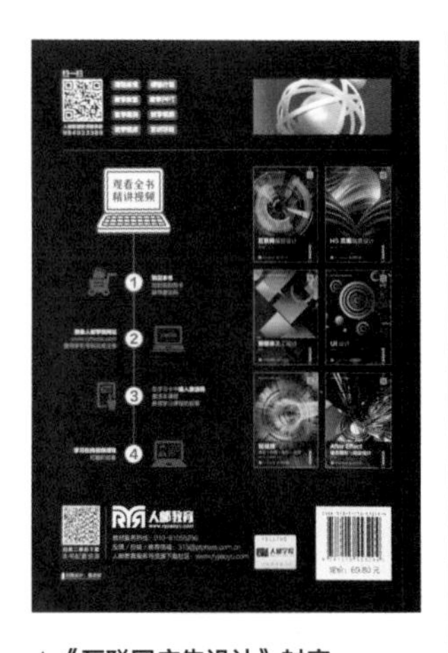

▲《互联网广告设计》封底

条形码是将国际标准书号（International Standard Book Number，ISBN），一种专门为识别图书等文献而设计的国际编号，以条形码的形式列印于封底，是书籍必备的印制内容。条形码的位置有明确规定，一般是在封底下方靠书脊处，距书脊、下切口2.5cm，不可隐藏在勒口或书籍内页中，必须印在封底明显处。条形码须以全黑印于白色矩形框中，或无填充色的框线内，与框线的距离必须大于2mm，印制尺寸必须介于原始大小的85%到120%之间。

扫一扫

3.2.2《猫咪家的日常》封底设计

【案例设计】——《猫咪家的日常》封底设计

1. 案例背景

设计师制作《猫咪家的日常》封面后，还需要以相同的风格和尺寸来设计该书的封底，但封底包含的内容要与封面有所区别，且能起到补充说明的作用。

2. 设计思路

《猫咪家的日常》封底将继续沿用封面的淡紫色调；然后在中间部分添加知名人物

对本书的评价，提升读者对该书的好感度和信任度；再在右下方添加条形码和定价等书籍封底必备的内容。

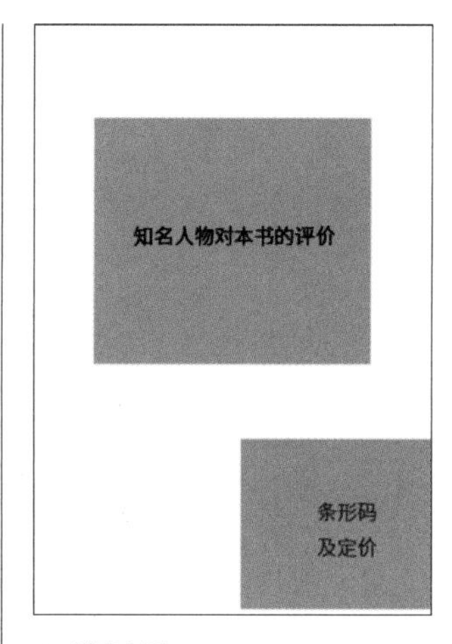

▲ 封底布局

3. 操作提示

其具体操作如下。

（1）新建文件。启动Illustrator 2022，新建名称为"《猫咪家的日常》封底"、宽度为"170mm"、高度为"240mm"、颜色模式为"CMYK 颜色"、出血上下左右均为"3mm"的文件。

（2）绘制封底。新建图层，使用"矩形工具"绘制封底背景矩形和浅紫色矩形，使用"椭圆工具"绘制蓝色正圆，使用"曲率工具"绘制黄色波浪线。

（3）输入评语。使用"文字工具"在封底中输入知名人士对本书的评语，调整文字的大小和位置。

（4）添加条形码和定价。置入"条形码和定价.png"素材（配套资源\素材\项目3\条形码和定价.png），单击"属性"面板中的 嵌入 按钮，调整大小和位置，最后保存文件（配套资源\效果\项目3\《猫咪家的日常》封底.ai）。

▲ 绘制封底

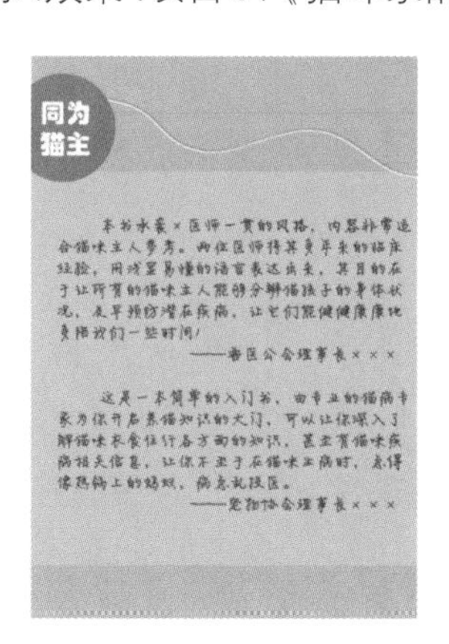

▲ 输入评语

▲ 添加条形码和定价

3.2.3 书脊设计

书脊是位于封面与封底之间，因书籍的厚度而形成的书籍侧面，如同书籍的脊梁。图书通常被存放在书架之上，众多图书只能展示给读者书脊这一个面，可以说书脊是展示时间最长、与读者见面机会最多的部分，并且书脊还起到让读者辨别书籍的关键作用。书脊的内容主要是书名、出版社名、作者名。由于书脊较为狭窄，因此设计师需要着重思考如何通过文字、色彩的组织，更直观、快速地传达书籍信息给读者。此外，由于书籍的封面、书脊和封底相连，因此需要统一设计风格，共同将书籍的内容和情感传达给读者。

◀《鲍勃·迪伦诗歌集》书脊
该系列图书曾获得2016年诺贝尔文学奖，8本书的书脊中对字母进行了精巧的个性化设计，共同组成了作者名字“Bob Dylan”，颇具创意，能给读者留下深刻印象，同时也增强了该系列图书的整体性。

【案例设计】——《猫咪家的日常》书脊设计

扫一扫

3.2.3 《猫咪家的日常》书脊设计

1. 案例背景

设计师制作出《猫咪家的日常》封面、封底后，还需要以相同的风格设计封面与封底之间的书脊，要求书脊尺寸为12mm×240mm，包含书籍定位、书名、修订版本、出版社等信息，不同信息之间区别明显，具有较强的可识别性，方便读者快速了解书籍信息。

2. 设计思路

本书书脊仍采用浅紫色作为主色。由于本书书脊较窄，因此文字信息可从上至下依次竖向排成一列，但为了区分各类信息，设计师需要为不同的信息设置不同的文字颜色、字号，或者以不同的文字背景来强调某些信息。

书籍定位
书名
修订版本
出版社名

▲ 书脊布局

3. 操作提示

其具体操作如下。

（1）新建文件。启动Illustrator 2022，新建名称为“《猫咪家的日常》书脊”、宽度为“12mm”、高度为“240mm”、颜色模式为“CMYK颜色”、出血上下左右均为“3mm”的文件。

（2）绘制书脊背景。使用“矩形工具”▭绘制与画板等大的矩形，设置填色为“C53,M31,Y5,K0”，描边为“无”，再在书脊中下部分绘制一个较小的装饰矩形，设置填色为“C68,M8,Y6,K0”，描边为“无”。

（3）输入文字。使用“直排文字工具”↓T输入书脊中的所有文字，设置字体均为“方正琥珀简体”，填色分别为“C12,M0,Y83,K0”“C0,M0,Y0,K0”，调整文字的大小和位置，最后保存文件（配套资源\效果\项目3\《猫咪家的日常》书脊.ai）。

▲ 绘制书脊背景　▲ 输入文字

3.2.4　勒口设计

勒口又被称为“折口”，是指封面和封底的书口处向外延长若干厘米，然后向书内折叠的部分，与封面直接相连的勒口称为前勒口，与封底直接相连的勒口称为后勒口。当勒口位于护封上时，可以使护封与封面紧密相连，保护书籍封面。当不存在护封，勒口直接位于封面、封底上时，可使封面与封底平整、不易卷曲。

勒口的内容通常包括作者简介、内容提要、推荐语、系列丛书展示、装帧设计师署名、责任编辑署名、名人名言等信息。勒口设计应以简单实用为主，与书籍外部结构设计的整体风格保持一致。当然也可以进行一些别致的勒口设计，使书籍的封面更具层次，让读者翻开封面时眼前一亮。

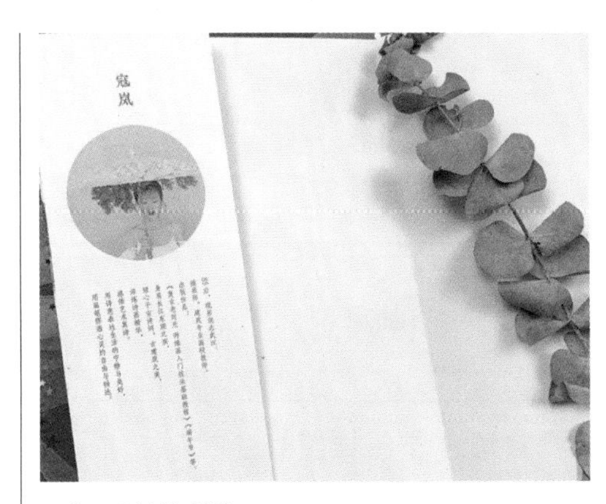

▲《四季诗绘》前勒口

▲《国色风物》后勒口

◀《遇见手拉壶》勒口
设计：余子骥、蒋佳佳
《遇见手拉壶》是介绍国家非物质文化遗产潮州手拉壶和单丛茶的生活美学书籍，该装帧设计曾获得2017年新埭强设计奖，以及2017年度中国“最美的书”。

【案例设计】——《猫咪家的日常》勒口设计

扫一扫

3.2.4 《猫咪家的日常》勒口设计

1. 案例背景

为了吸引读者，让读者更全面地了解书籍内容，出版社准备让设计师为《猫咪家的日常》设计前、后勒口，尺寸均为60mm×240mm，要求在视觉上与封面、封底衔接自然，在内容上能起到补充说明、增添书籍卖点的作用。

2. 设计思路

勒口配色以紫色为主色，在主色基础上进行一些深浅变化，并添加类似色蓝色，使整体视觉效果更有层次感。同时在前勒口中添加作者介绍、内容介绍两个板块，并在后勒口中添加读者感兴趣的内容，如饲养猫咪的常见问题，激发读者阅读本书的兴趣，增添本书卖点。

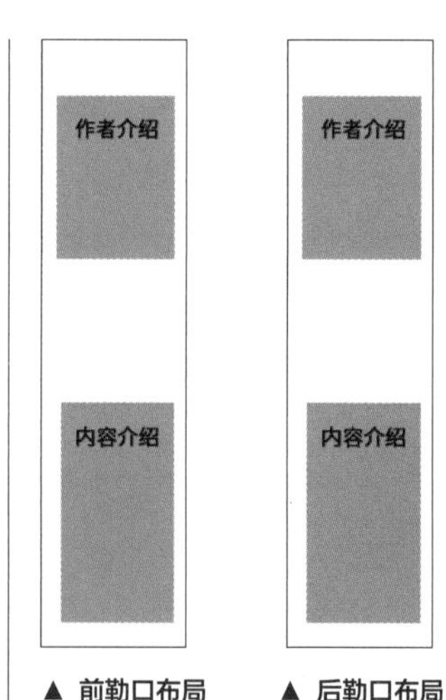

▲ 前勒口布局　▲ 后勒口布局

3. 操作提示

其具体操作如下。

（1）新建文件。启动Illustrator 2022，新建名称为“《猫咪家的日常》勒口”、宽度为“60mm”、高度为“240mm”、颜色模式为“CMYK颜色”，出血上下左右均为“3mm”的文件。

（2）绘制前勒口。在“图层”面板底部单击“创建新图层”按钮新建图层，使用“矩形工具”绘制一个与画板等大的矩形，设置填色与封面背景色相同，描边为“无”，然后使用“矩形工具”绘制4个圆角矩形，调整圆角半径、圆角矩形大小，分别设置填色为“C73,M48,Y7,K0”“C53,M31,Y5,K0”，描边为“无”。

（3）输入介绍信息。使用“文字工具”输入关于作者和书籍内容的介绍信息，设置字体为“方正静蕾简体”，填色均为“C0,M0,Y0,K0”，然后调整文字的大小和位置。

▲ 绘制前勒口

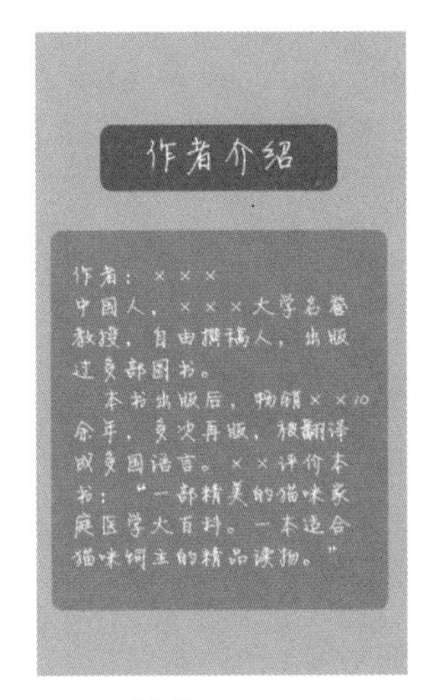

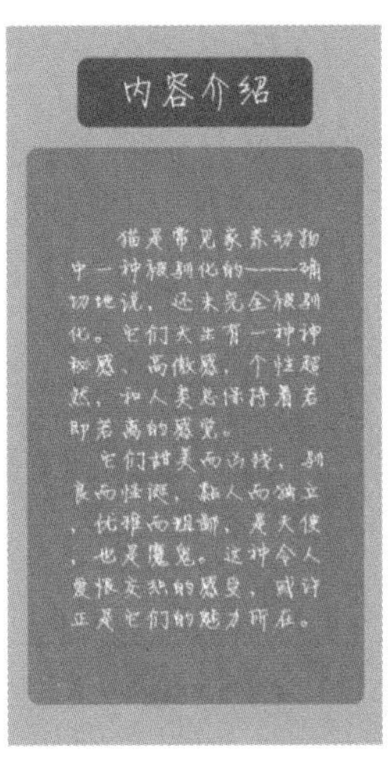

▲ 输入介绍信息

（4）制作后勒口。使用“画板工具”在前勒口左侧绘制一个符合后勒口尺寸的新画板，然后使用与制作前勒口相同的方法，绘制后勒口的背景矩形，设置填色为“C11,M9,Y1,K0”，描边为“无”，然后使用“文字工具”T.输入饲养猫咪的常见问题相关文字，调整文字的大小和位置。

（5）查看最终效果。为了便于查看真实的效果，可将之前制作的封面、封底、书脊、勒口均导出为JPG格式、分辨率为“高（300ppi）”的文件（配套资源\效果\项目3\猫咪家的日常\），然后在Photoshop 2022中将其应用到“书籍摊开样机”文件中（配套资源\素材\项目3\书籍摊开样机.psd），最后保存所有文件，并设置应用效果文件名称为“《猫咪家的日常》设计应用效果”（配套资源\效果\项目3\《猫咪家的日常》勒口.ai、《猫咪家的日常》设计应用效果.psd）。

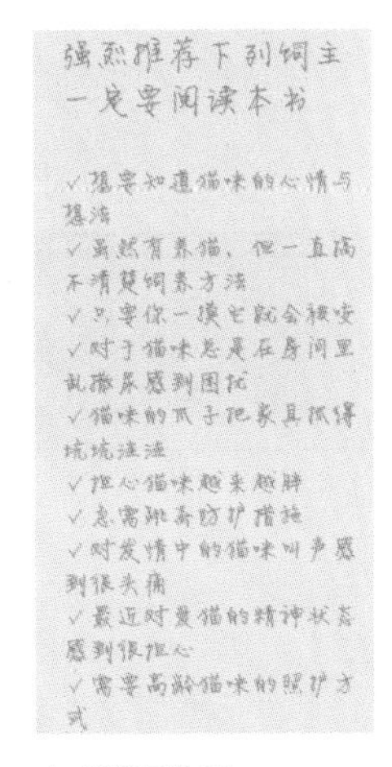

▲ 制作后勒口

▲ 应用到书籍样机中的效果

▲ 书籍外观设计整体平面效果

3.2.5 护封设计

护封是指包裹在书籍封面外的另一张外封面，也称封套、全护封、包封或外包封，主要起到保护和装饰封面，以及宣传书籍的作用。护封呈扁长形，其高度与书籍相等，长度能包裹住其内部的书籍封面、封底、书脊，并在两边各有一个约5~10cm的向内折进的勒口。作为书籍表层的展示区域，护封是书籍能否吸引读者并打动读者的关键，这要求设计师深刻理解书籍内容和主题内涵，用美观的色彩搭配与图形、舒适的文字编排、精美的材料、独特的印刷工艺等，给读者强有力的视觉冲击，达到无声地向读者推荐书籍的效果。

▲《中国桥梁建设新发展》/设计：赵清

▲《手稿卷》/设计：杨林青

▲《北欧，冰与火之地的寻真之旅》护封/设计：罗洪
护封采用半透明的白色材料，叠加封面的蓝色，整体具有一种通透感和冰冷感，与书名中的“北欧”“冰”意境相契合。此外护封使用了“N”艺术化文字和麋鹿的插图，也能让读者联想到北欧冰雪之境与麋鹿、雪橇等场景，具有引人入胜的效果。

3.2.6 腰封设计

腰封也称为书腰，是书籍外部的附加结构，因其如同腰带般环绕着书而得名。腰封具有广告和装饰的双重作用，其内容通常为书籍的介绍文字、相关图片、获奖荣誉称号、推荐性文字、作者信息、出版社信息等。腰封形式多样，有的腰封如同书籍的封条，首尾黏合；有的腰封采用开口设计，仅仅固定书籍的封面和护封；还有些设计师会对腰封进行独特创意，如做成票券、书签、蝴蝶结等。与护封相比，腰封设计往往以简衬繁、以虚衬实，在内容上与封面主题相呼应，在色彩、图像上对封面起到延伸或拓展的效果。

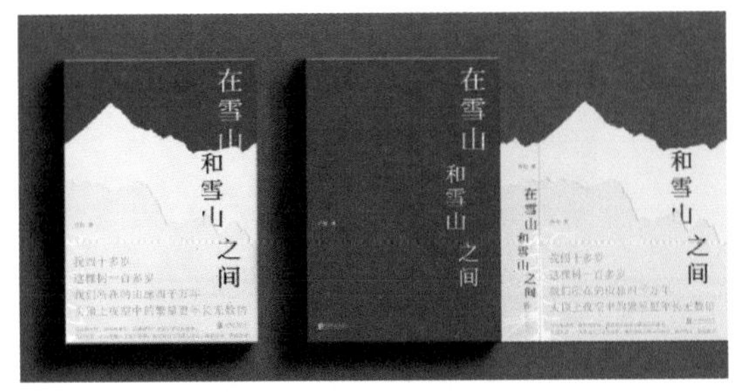

▲《在雪山和雪山之间》腰封/设计：乐府文化
将两座绵延的雪山化作书籍腰封，融入了留白意境，构造了文字、雪山前后穿插的空间关系，增加了视觉冲击力与层次感。

▲《肥肉》腰封/设计：朱赢椿
腰封造型采用了民国时期捆绑食材的方式，与书籍封面的食材图像融为一体，设计巧妙、新颖。

名家品读

朱赢椿

朱赢椿，全国新闻出版行业第三批领军人才，江苏省版协装帧艺术委员会主任，中国版协装帧艺术委员会会员，中国大学版协装帧艺术委员会理事。他设计或策划的图书曾多次获得国内外设计大奖，并数次被评为“中国最美的书”和“世界最美的书”称号，他的书籍装帧设计代表作品有《不裁》《蚁呓》《设计诗》《虫子书》《肥肉》《蜗牛慢吞吞》《语录杜尚》等。朱赢椿的设计不仅是一本书，更是一种生活的哲学，他认为合适的设计灵感来源于合适的生活，发自内心地热爱自然、热爱生活、热爱设计、热爱书，从书的内容本身去挖掘一些东西，把它表达出来，才能把书的内涵和底蕴完美地呈现出来。

扫一扫

图片：朱赢椿作品赏析

3.2.7 函套设计

函套又称书函、书套等，是包装书籍的盒子、壳子、匣子，最初用于保护书籍，使书籍便于运输、携带和存储。现代函套设计还发展出了艺术价值，常使用厚纸板、模板、塑料、皮革、亚麻、绢帛等材料，使书籍更加精美、更具创意，增加书籍的收藏价值。因此，设计师应充分利用各种材料、结构、工艺，使函套设计独具个性，也使读者对书籍印象深刻、更加喜爱。但要注意，函套设计必须为书籍内容服务，以配合书籍信息传播为主，不可一味地华丽铺张、哗众取宠、不切实际。

▲《水浒传》函套

《水浒传》函套采用木质材料，为书籍增加了稳重、古典的气质，并运用类似封条、开门的创意，增加了本书的吸引力和收藏价值，让读者在打开函套时能有期待感。

▲《你是人间的四月天：林徽因作品全集》函套
设计：王志弘

分享·感悟

目前市场上的林徽因作品书籍大多延续传统的做法去设计，比如采用书法、简单的留白。但设计师王志弘的作品让我们耳目一新，该函套强调年轻、现代、设计感，同时保有女性的优雅、灵性。另外，他从林徽因的诗中提炼了6个元素“星、雨、云、水、雪、花”，并将其符号化，运用在函套中，最终呈现出现代、优雅、诗意的视觉效果和质感。

名家品读

王志弘

王志弘是中国台湾新生代设计师，专注于书籍装帧设计、排版设计，并形成独具一格的设计风格——古典与现代相结合，既有传统文化的古典韵味，又有现代设计的简约抽象感。王志弘的书籍装帧设计作品很少运用各种眼花缭乱的工艺结构和夸张的特种纸，更多的是采用简单的装帧工艺，以图形的方式和点状化的排版方式，营造出赏心悦目的视觉观感，因此受到众多出版社、读者及设计师的喜爱。

扫一扫

图片：王志弘作品赏析

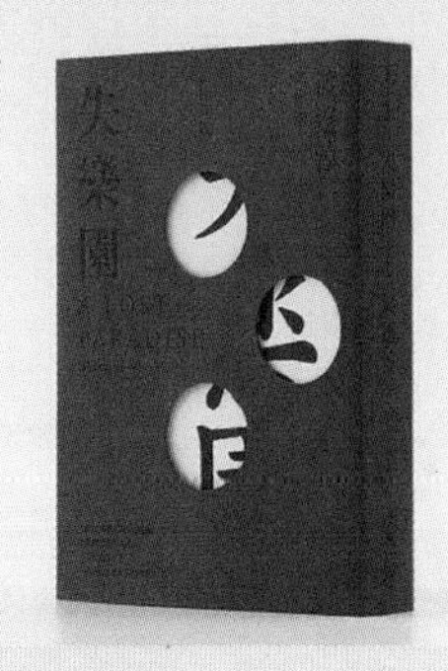

3.2.8 切口设计

切口又称书口，是书页裁切一边的空白处。在书籍装帧中通常对切口仅限于切齐、打磨、抛光操作之类的空白处理，而很少对这一区域进行特殊的视觉设计。但随着设计师整体设计意识的提高，以及印刷加工工艺的发展，越来越多设计师开始针对切口进行设计感十足的细节设计，能让读者感到惊喜。针对切口设计，一方面可以通过现代模切技术进行整体切割模压，改变传统的直线形书口；另一方面可以在切口上印刷各种色彩和图像，呼应图书主题。

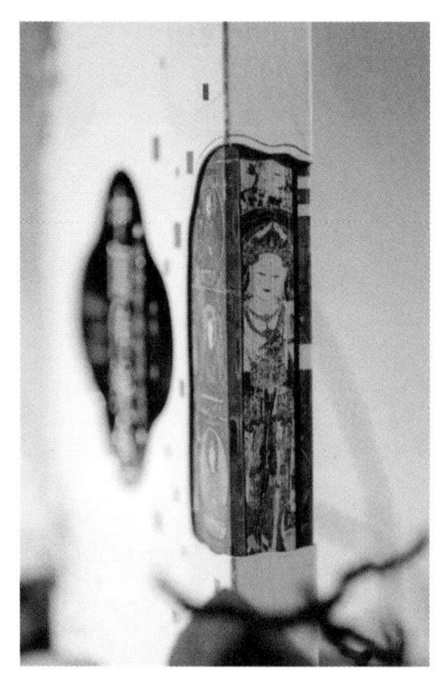

◀《中国传统色：敦煌里的色彩美学》切口

这本书是一本精装书，其装帧设计运用了敦煌洞窟的理念，采用了镂空函套和考究的刷边书口，从函套侧面镂空的“洞窟”呈现出印有敦煌壁画形象的切口，吸引读者对该书籍的兴趣，同时也展现了敦煌里的精美形象与色彩美学，呼应图书主题。

技能练习

某出版社准备出版一本科技类图书《元宇宙与未来媒介》，现已完成封面设计，还需要设计师根据封面效果，设计出风格统一的封底、书脊、勒口，要求展示书名、编著人员介绍、出版社名称、观点精要、条形码等内容，参考效果如下图所示（配套资源\效果\项目3\《元宇宙与未来媒介》外部整体.ai）。

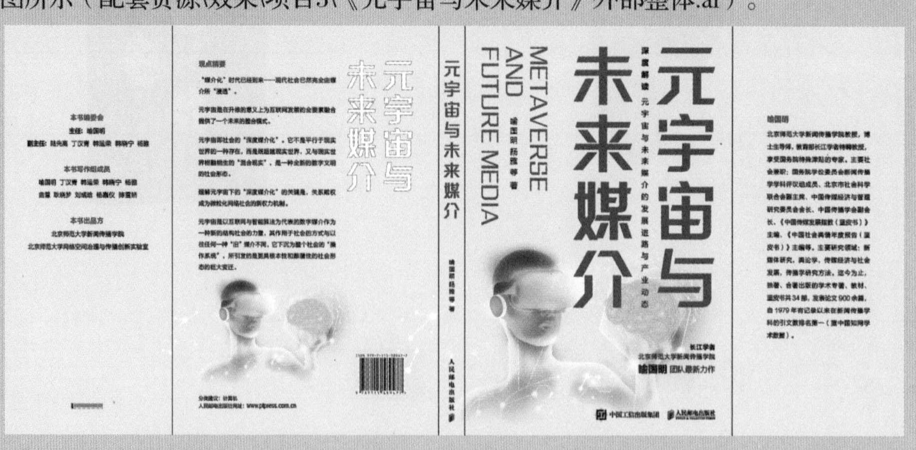

▲《元宇宙与未来媒介》封面、封底、书脊、勒口整体效果参考

知识3.3 书籍内部结构设计

书籍内部结构主要包括环衬页、扉页、版权页、前言页、目录页和内文页，这些页面都各自具备特定的功能。如何编排和设计这些页面中的要素是进行书籍装帧设计的重点之一。

3.3.1 环衬页设计

环衬页简称环衬，是封面后、封底前的衬页，有前后之分，其中前环衬连接封面与书芯，后环衬连接封底与书芯，部分平装书可能没有环衬。环衬可以起到保护封面、封底与书芯的作用，也代表着书籍的序幕与尾声，对封面到扉页、内文页到封底起到了过渡作用。环衬页主要有两种设计方法：一是不添加任何内容，进行留白设计，体现文化气息和含蓄之美，且可以采用特种纸；二是作为相对独立又与书籍相关联的页面来设计，与书籍整体设计协调统一，环衬的图形和色彩可以与封面、扉页相呼应，但不宜太相似，环衬中的文字最好不要重复出现书名，可以是一句或一小段引人入胜的文字，用于吸引读者。

◄《不莱梅的音乐家》
环衬延续封面的蔓玫色背景与蓝色、绿色、白色等泼墨图形，营造出冲破束缚、向往自由的氛围，与书籍的主要思想契合。

◄《风筝：将艺术带上天空》
设计师将各式风筝的骨架印在深邃迷人的蓝色背景上，让读者感受到其设计的无穷魅力。

《农场：邂逅昔日的田园生活》▲▶
环衬插图与封面插图相呼应，前环衬与后环衬分别展现日出而作、日落而息的田园场景，使用柔和的色彩与柔软细腻的线条，让读者一眼陷入田园生活的清新与静谧氛围。

3.3.2　扉页设计

扉页又称书名页，是位于封面或环衬之后的页面，通常印有书名、副书名、著译者姓名、校编、卷次及出版社等内容。扉页的出现源自书籍阅读功能和审美功能的需要，在设计时一般以文字为主，可以添加少量插图进行装饰，不宜烦琐，扉页风格最好与封面、环衬的风格一致。

▲《从甲骨文到现代汉字》封面与扉页

3.3.3　版权页设计

版权页又称版本记录页，是一本书的出版记录及查询版本的依据，一般位于扉页的反面，或书末正文之后空白页的

▲《大唐遇见艺术》封面与扉页

反面。版权页的设计要注重信息的完整性和正确性，设计师应按国家规定的表述规范与次序来设计版权页。

图书在版编目（CIP）数据

广告设计项目式教程 : 微课版 / 玄颖双，李茂宁，肖九龄编著. -- 北京 : 人民邮电出版社，2022.2
高等院校艺术设计精品系列教材
ISBN 978-7-115-56761-1

Ⅰ. ①广… Ⅱ. ①玄… ②李… ③肖… Ⅲ. ①广告设计－高等学校－教材 Ⅳ. ①J524.3

中国版本图书馆CIP数据核字(2021)第123905号

内 容 提 要

本书详细讲解了广告和广告设计的相关内容。本书分为3篇：基础篇、创意篇和实践篇。基础篇介绍了广告与广告设计基础，包括认识广告、广告的类型，以及广告设计的基本原则、广告设计的视觉元素和广告的设计流程等；创意篇主要介绍了广告设计的创意基础知识，包括创意概述、创意方法、文案创意、视觉创意等；实践篇共有8个项目，分别介绍了招贴广告、宣传册广告、地铁广告、动图广告、网幅广告、弹出式广告、开屏广告、H5广告的设计思路和设计方法。本书将广告设计理论融入各个具体的项目实践，能迅速提升读者的广告设计能力和创新能力。

本书适合作为艺术设计、广告设计等专业相关课程的教材，也可供广大设计人员自学使用。

◆ 编　　著　玄颖双　李茂宁　肖九龄
　责任编辑　桑　珊
　责任印制　彭志环
◆ 人民邮电出版社出版发行　　北京市丰台区成寿寺路11号
　邮编　100164　　电子邮件　315@ptpress.com.cn
　网址　https://www.ptpress.com.cn
　北京瑞禾彩色印刷有限公司印刷
◆ 开本：787×1092　1/16
　印张：12.5　　　　2022年2月第1版
　字数：230千字　　2022年2月北京第1次印刷

定价：69.80元

读者服务热线：(010)81055256　印装质量热线：(010)81055316
反盗版热线：(010)81055315
广告经营许可证：京东市监广登字20170147号

▲《广告设计项目式教程》版权页

3.3.4　前言页设计

前言页又称序言页、绪言页、导言页、导论页，位于目录页和内文页之前，包括书籍编写目的、意义、特色、内容结构、编写过程等内容，起到指导读者阅读本书的作用。前言页的设计风格应与目录页和内文页的设计风格协调一致，让读者体会到本书的主要内容、风格和特色。

PREFACE 前言

随着5G技术的普及，信息传播的速度大大提升，平面设计的内容和展现方式变得更加丰富。图片这种常见的信息表现形式要想吸引用户，就必须提升其信息表现力和视觉效果，这对平面设计人员的设计思维和创新能力提出了更高的要求。

近年来教育课程改革不断推进，计算机软、硬件日新月异，教学方式不断更新，传统平面设计教材的讲解方式已不再适应当前的教学环境。鉴于此，我们基于“互联网+”对设计行业的影响，认真总结教材编写经验，深入调研各地、各类院校的教材需求，组织了一批优秀且具有丰富教学经验和实践经验的作者编写了本书，以帮助各类院校培养优秀的平面设计人才。本书内容全面，知识讲解透彻，不同需求的读者都可以通过学习本书有所收获。读者可根据下表的建议进行学习。

学习阶段	章	学习方式	技能目标
入门	第1章、第2章	实战操作、范例演示、课堂小测、综合实训、巩固练习、技能提升	① 了解Illustrator的基础知识，包括Illustrator软件、Illustrator文件的基本操作，以及辅助工具的使用方法 ② 掌握绘制基本图形的方法，如线型绘图、网格绘图、形状绘图等
进阶	第3章、第4章、第5章、第6章、第7章、第9章、第12章	案例展示、实战操作、范例演示、课堂小测、综合实训、巩固练习、技能提升	① 掌握绘制复杂图形的方法，包括使用钢笔工具、曲率工具、画笔工具、斑点画笔工具、铅笔工具等绘图，以及图形擦除与分割等 ② 掌握图形高级上色的方法，包括渐变上色、图案上色、吸管上色、实时上色等 ③ 掌握添加与处理文字的方法，包括创建文字和编辑文字等 ④ 掌握编辑路径的方法，包括基本编辑和高级处理等 ⑤ 掌握管理对象，以及应用图表、符号与图形样式等操作 ⑥ 掌握切片、输出与自动化处理的方法
提高	第8章、第10章、第11章	案例展示、实战操作、范例演示、课堂小测、综合实训、巩固练习、技能提升	① 掌握对象的高级操作，如对象的变形等 ② 掌握不透明度、混合模式和蒙版的使用方法 ③ 掌握特殊效果的使用方法
精通	第13章、第14章	行业知识、案例分析、设计实战、巩固练习、技能提升	① 能够融会贯通地应用本书所讲述知识，综合运用Illustrator进行平面设计 ② 掌握文字设计、VI设计、海报设计、商业插画设计、书籍装帧设计、包装设计、画册设计、UI设计的方法

内容与特色

本书以知识点与案例结合的方式讲解了Illustrator在平面设计中的应用。本书的特色主要包括以下5点。

▶ 体系完整，内容全面。本书条理清晰、内容丰富，从Illustrator的基础知识入手，由浅入深、循序渐进地讲解

▲《Illustrator CC平面设计核心技能一本通》前言页

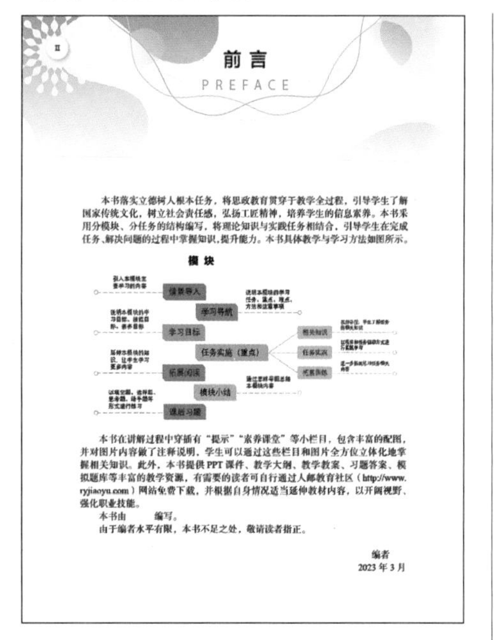
前言
PREFACE

本书落实立德树人根本任务，将思政教育贯穿于教学全过程，引导学生了解国家传统文化，树立社会责任感，弘扬工匠精神，培养学生的信息素养。本书采用分模块、分任务的结构编写，将理论知识与实践任务相结合，引导学生在完成任务、解决问题的过程中掌握知识，提升能力。本书具体教学与学习方法如图所示。

本书在讲解过程中穿插有“提示”“素养课堂”等小栏目，包含丰富的配图，并对图片内容做了注释说明，学生可以通过这些栏目和图片全方位立体化地掌握相关知识。此外，本书提供PPT课件、教学大纲、教学教案、习题答案、模拟题库等丰富的教学资源，有需要的读者可自行通过人邮教育社区（http://www.ryjiaoyu.com）网站免费下载，并根据自身情况适当延伸教材内容，以开阔视野、强化职业技能。

本书由　　　编写。

由于编者水平有限，本书不足之处，敬请读者指正。

编者
2023年3月

▲《色彩构成》前言页

3.3.5　目录页设计

目录页位于书籍正文之前，是书籍的总领，展现着书籍整体的结构与内容，用于指导读者顺利查阅本书内容。目录页设计需要条理清晰、层次分明、节奏有序，让读者一

目了然、便于查阅，还可以添加适当的装饰性图形。

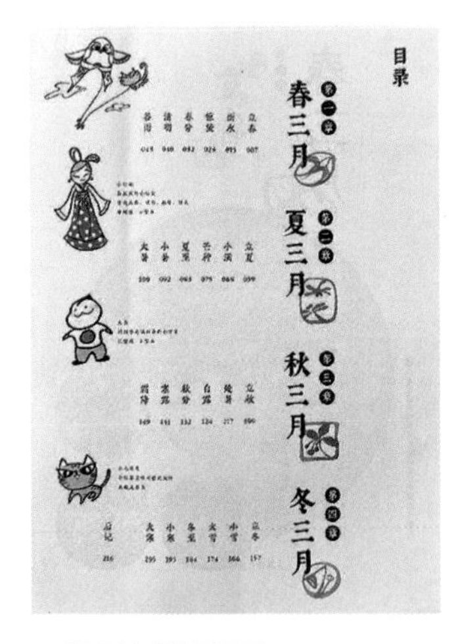

▲《四时有趣》目录页

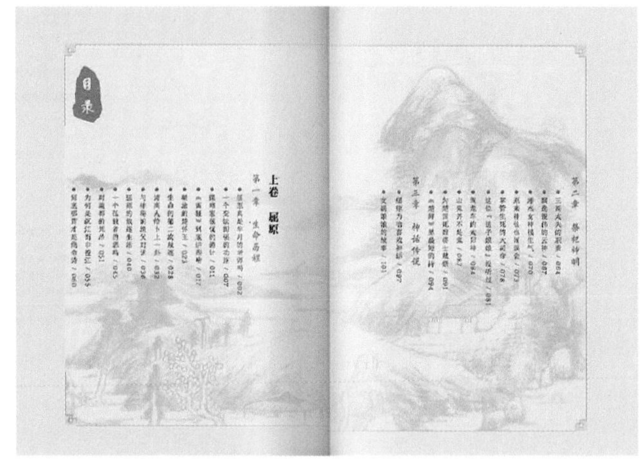

▲《写给孩子的美丽楚辞》目录页

【案例设计】——《未来家教》前言页和目录页设计

扫一扫

3.3.5 《未来家教》前言页和目录页设计

1. 案例背景

某出版社策划了《未来家教》一书，书中探讨了未来的家庭教育模式，现需要设计师运用提供的图文资料，设计出尺寸均为210mm×297mm的前言页和目录页。要求两个页面的设计风格统一，但视觉元素要有一定的差异。整体风格简约、现代，视觉效果清爽、有设计感。

2. 设计思路

为了达到简约、现代的风格要求，可以采用以几何图形为主的色块与线条来划分和装饰页面。同时，对几何图形进行不同的拼接、重叠、切割等处理，结合不同大小和色彩，可以制造出丰富的变化，使页面具有较强的设计感。在配色方面为了达到清爽的效果，可以白色为主，结合黄色与蓝色这组对比色，使页面既清爽又活泼，再使用灰色、黑色作为文字颜色，使信息传达清楚、直观。

3. 操作提示

其具体操作如下。

（1）创建文件和参考线。启动Photoshop 2022，新建名称为“《未来家教》前言页和目录页”、宽度为“426mm”、高度为“303mm”、分辨率为“300像素/英寸”、颜色模式为“CMYK颜色”的文件。选择【视图】/【新建参考线】命令，打开“新建参考线”对话框，单击选中“垂直”单选按钮，设置位置为“213mm”，单击 确定 按钮，该参考线左侧为前言页，参考线右侧为目录页。再运用参考线在画面上下左右边缘各设置3mm的出血区域。

（2）输入页面标题。选择“横排文字工具”T，打开“字符”面板，在其中设置字体为“思源黑体 CN”，字体样式为“Bold”，字体大小为“50点”，字距为“200”，文字颜色为“C64,M7,Y11,K0”，在前言页左上角输入“前言”文字，在目录页右上角输入“目录”文字；在“目录”文字上方输入大写罗马数字“Ⅰ”，代表目录页码，修改字体为“Tahoma”，字体大小为“37点”。

（3）绘制蓝色图形。选择“钢笔工具”，在工具属性栏中选择工具模式为“形状”，设置填充为“C64,M7,Y11,K0”，描边为“无”，在页面顶部绘制3个大小不同、互相平行的梯形。

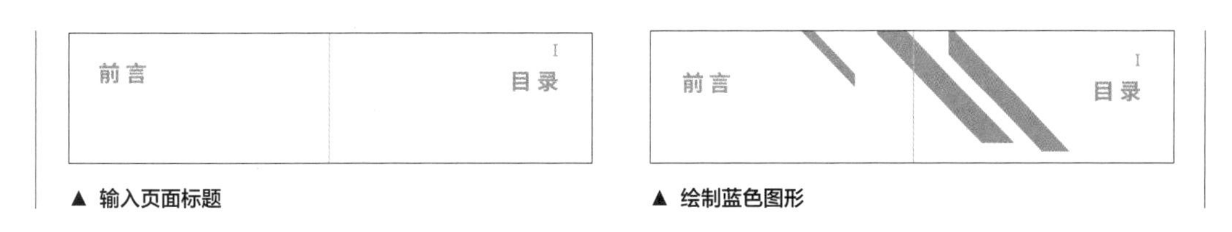

▲ 输入页面标题　▲ 绘制蓝色图形

（4）绘制黄色图形。使用“钢笔工具”在前言页中绘制一大一小的两个三角形，在目录页中绘制一个倾斜的梯形，修改这3个图形的填充均为“C3,M29,Y88,K0”。

（5）绘制白色三角形。使用“三角形工具”在目录页顶部的倾斜梯形上绘制3个白色三角形，打破常规的几何轮廓，制造出变化和设计感。

（6）绘制线条。使用“直线工具”在画面中绘制不同长度、相同倾斜角度的线条，设置填充分别为“C23,M45,Y96,K0”“C0,M0,Y0,K0”“C49,M40,Y35,K0”，描边为“无”。

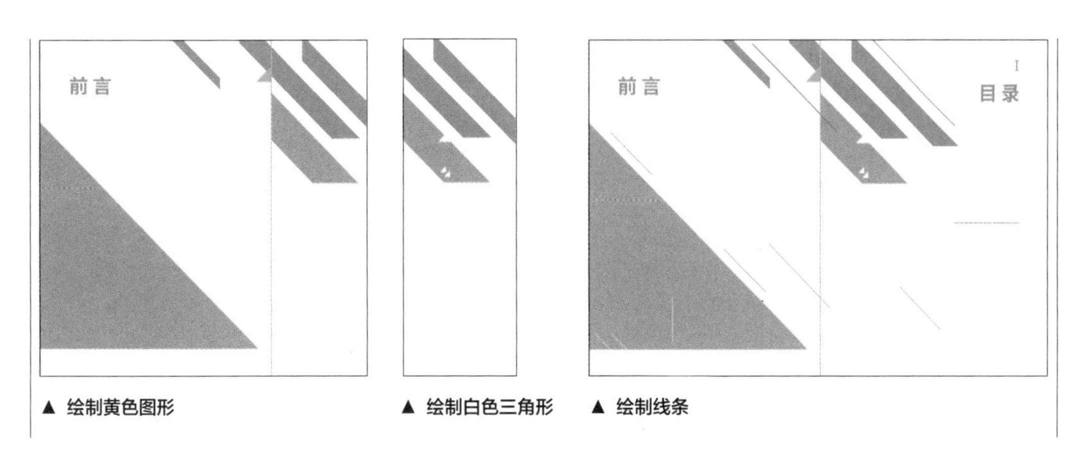

▲ 绘制黄色图形　▲ 绘制白色三角形　▲ 绘制线条

（7）绘制圆形。选择“椭圆工具”，在工具属性栏中设置填充为“C28,M22,Y22,K0”，描边为“无”，按住【Shift】键不放拖曳鼠标，在前言页大三角形斜边上绘制一个大的正圆；按【Ctrl+J】组合键复制正圆，按【Ctrl+T】组合键开启自由变换状态，按住【Alt】键不放并拖曳鼠标，以圆心为轴等比例放大正圆，按【Enter】键确认，选中放大后的正圆，在工具属性栏中设置填充为“无”，描边为“C0,M0,Y0,K0”，描边宽度为“1点”。

（8）添加图文素材。置入“一家人.jpg”素材（配套资源\素材\项目3\一家人.jpg），调整素材的大小和位置，将素材所在的图层移至绘制的正圆图层上方，选中该图层，按【Ctrl+Alt+G】组合键向下创建剪贴蒙版。打开“《未来家庭》文字.txt”素材，使用“横排文字工具”T.将其中的文字复制到前言页和目录页中，并设置合适的文字格式。

（9）保存文件。按【Ctrl+；】组合键隐藏参考线，按【Ctrl+S】组合键保存文件，查看最终效果（配套资源\效果\项目3\《未来家教》前言页和目录页.psd）。

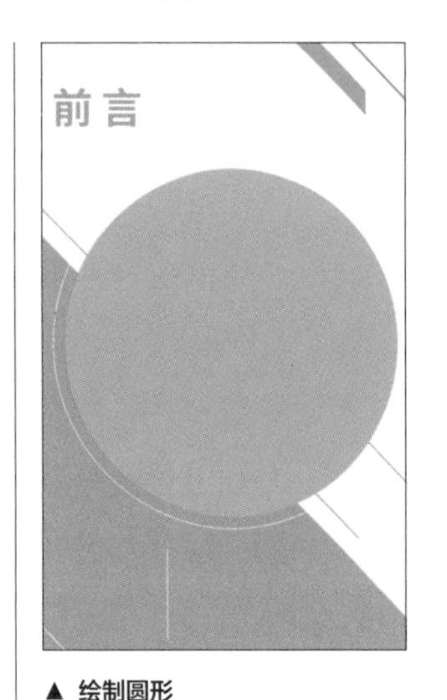

▲ 绘制圆形

▲ 最终效果

3.3.6 内文页设计

翻过目录后，一般先是每章的篇章页，然后是对应的正文页，这些都属于内文页。

1. 篇章页设计

篇章页的功能如同每一章的扉页，是各章在开篇前的页面。篇章页在章与章之间起到承上启下的作用，

▲《少年读史记》篇章页

还可以在视觉和情感上起到休息和缓冲的作用。篇章页设计也需与封面、扉页等页面的设计风格统一，每个篇章页之间应具有视觉上的统一感，前后呼应、相互协调，带给读者流畅感。

2. 正文页设计

正文页是书籍的核心价值所在，也是书籍的主要阅读部分，直接影响到书籍的大小、厚薄和重量。正文页包括文字、图像两大部分，设计师通过规划、整理图像与文字，制定书籍正文的版式设计规范。正文页设计要着重考虑对版式的整体规划（相关内容将在下一章详细介绍），做到整体统一、局部中又有变化。

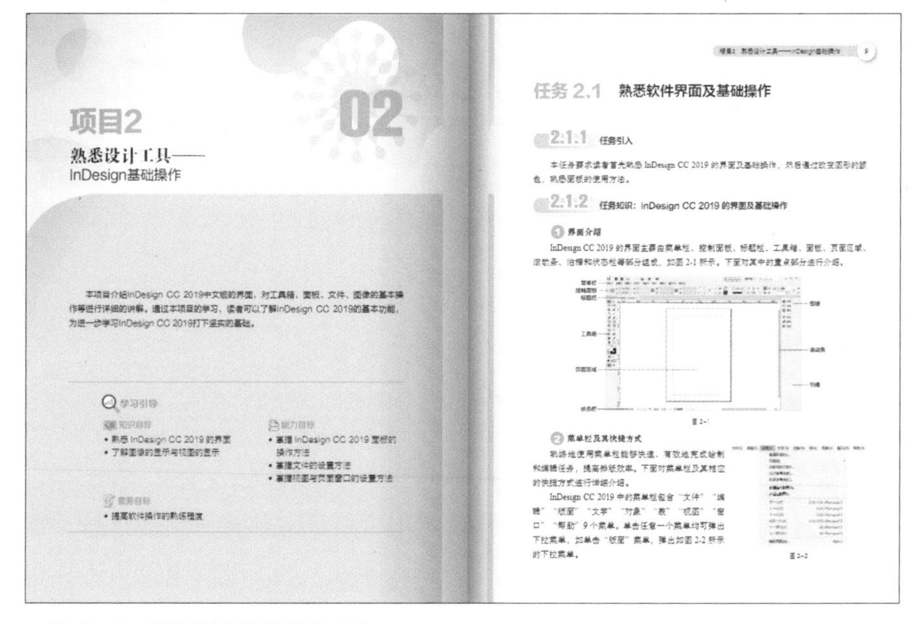

项目2

02

熟悉设计工具——InDesign基础操作

本项目介绍InDesign CC 2019中文版的界面，对工具箱、面板、文件、图像的基本操作等进行详细的讲解。通过本项目的学习，读者可以了解InDesign CC 2019的基本功能，为进一步学习InDesign CC 2019打下坚实的基础。

学习引导

知识目标
- 熟悉 InDesign CC 2019 的界面
- 了解图像的显示与视图的显示

能力目标
- 掌握 InDesign CC 2019 面板的操作方法
- 掌握文件的设置方法
- 掌握视图与页面窗口的设置方法

素养目标
- 提高软件操作的熟练程度

任务 2.1 熟悉软件界面及基础操作

2.1.1 任务引入

本任务要求读者首先熟悉 InDesign CC 2019 的界面及基础操作，然后通过改变图形的颜色，熟悉面板的使用方法。

2.1.2 任务知识：InDesign CC 2019 的界面及基础操作

1 界面介绍

InDesign CC 2019 的界面主要由菜单栏、控制面板、标题栏、工具箱、面板、页面区域、滚动条、泊槽和状态栏等部分组成，如图 2-1 所示。下面对其中的重点部分进行介绍。

图 2-1

2 菜单栏及其快捷方式

熟练地使用菜单栏能够快速、有效地完成绘制和编辑任务，提高排版效率。下面对菜单栏及其相应的快捷方式进行详细介绍。

InDesign CC 2019 中的菜单栏包含“文件”“编辑”“版面”“文字”“对象”“表”“视图”“窗口”“帮助”9 个菜单。单击任意一个菜单均可弹出下拉菜单，如单击“版面”菜单，弹出如图 2-2 所示的下拉菜单。

图 2-2

▲《InDesign 排版设计》篇章页和正文页

技能练习

《海洋之书》是一本兼具专业性与艺术性、讲述海洋生物与海洋生态的蓝色之旅、让读者爱上自然、树立环保意识的书。请根据该书的封面设计效果，为该书设计环衬页和扉页，并确保环衬页、扉页的风格与封面统一，色彩和谐，符合本书主题，同时要注意扉页中需要包含一些书籍的基本信息。

▲《海洋之书》封面

任务实践

《小王子》装帧设计

扫一扫

《小王子》装帧设计

1. 任务背景

《小王子》是法国作家安托万·德·圣－埃克苏佩里的著名儿童文学短篇小说，主人公是来自外星的小王子。该书讲述了小王子从自己的星球出发，前往地球的过程中所经历的各种故事。现请为该书重新设计封面和“梦的序章”篇章页，要求尺寸为182mm×256mm，设计风格统一为梦幻、唯美、简约，两个页面的元素有一定的关联，插图的主题与“梦的序章”这一篇章页标题相符合，能营造出美好、静谧的氛围。

2. 任务目标

（1）能够设计内容精简、吸引力强的封面。

（2）能够设计氛围感强、与封面元素有关联的篇章页。

3. 设计思路

本任务需先根据任务背景来构思封面、篇章页的设计内容。

- 封面设计。以小王子的形象展开设计，制作小王子站在星球上的场景，背景添加星星元素制作出星空效果。文字以书名“小王子”为主，添加著译者、出版社信息，以及简洁的宣传语，吸引读者阅读和购买本书。此外，还可以为宣传语文字添加卷轴背景装饰，增添书籍的复古感。
- 篇章页设计。延续封面的星空场景和背景色彩，放大星星图像，设计以星空为主、小王子形象为辅的页面插图，营造梦幻氛围。采用重心型版面，将章名放置在右下角作为视觉焦点，章名上方是星空主体，左侧则以小王子形象作为装饰，下方可以使用纯色色块装饰页面。文字以章名“梦的序章”为主，添加英文文字“PREFACE TO DREAMS”和小王子自己的星球名称“B612”。

4. 任务实施

先使用计算机软件制作封面和篇章页，然后将封面和篇章页运用到书籍样机中查看立体效果。

（1）新建文件。启动Photoshop 2022，新建名称为“《小王子》封面”、宽度为

“188mm”、高度为“262mm”、分辨率为“300像素/英寸”、颜色模式为“CMYK颜色”的文件，然后运用参考线在画面上下左右边缘各设置3mm的出血区域。

（2）填充渐变背景。单击“图层”面板底部的“创建新的填充或调整图层”按钮，在弹出的下拉菜单中选择“渐变”命令，打开“渐变填充”对话框，设置渐变颜色为“C97,M70,Y0,K0～C90,M94,Y0,K0”，角度为“90”，单击确定按钮。

（3）置入星星素材。置入“星星.jpg”素材（配套资源\素材\项目3\星星.jpg），将素材移到画面左上方，按【Ctrl+J】组合键复制一份素材，移到画面右上方。

（4）合成星空图像。选中两个星星素材图层，设置图层混合模式均为“浅色”。

▲ 填充渐变背景

▲ 置入星星素材

▲ 合成星空图像

（5）制作小王子和星球场景。置入“星球.jpg”素材（配套资源\素材\项目3\星球.jpg），将其移至画面底部；打开“小王子形象.psd”素材（配套资源\素材\项目3\小王子形象.psd），将其中所有内容移到“《小王子》封面”文件中，以制作小王子站在星球上的场景。

（6）制作弯曲的卷轴。置入“卷轴.jpg”素材（配套资源\素材\项目3\卷轴.jpg），将其移至画面顶部，选择【编辑】/【变换】/【变形】命令，在工具属性栏的“变形”下拉列表中选择“扇形”选项，设置弯曲为“35”，按【Enter】键确认。

（7）输入书名。选择“横排文字工具”T，在场景中央输入“小王子”文字，在“字符”面板中设置字体为“方正爱莎简体”，字体样式为“Medium”，字体大小为“60点”，字距为“100”，文字颜色为“C1,M14,Y68,K0”。

（8）为书名添加图层样式。在该图层上单击鼠标右键，在弹出的快捷菜单中选择“混合选项”命令，打开“图层样式”对话框，单击选中“斜面和浮雕”复选框，设置样式、方法、深度、方向、大小、软化分别为“内斜面”“平滑”“84”“下”“16”

“0”；再单击选中“外发光”复选框，设置不透明度、外发光颜色、大小分别为“35”“C0,M0,Y0,K0”“7”，单击 确定 按钮。

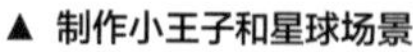
▲ 制作小王子和星球场景

▲ 制作弯曲的卷轴

▲ 为书名添加图层样式

（9）输入著译者和出版社信息。使用“横排文字工具”T.在书名下方、画面底部分别输入著译者和出版社信息，设置字体均为“思源宋体 CN”，字体样式分别为“Medium”“Bold”，文字颜色分别为“C1,M14,Y68,K0”“C80,M62,Y0,K0”，字体大小、行距、字距为“14点”“26点”“50”。

（10）输入法语书名。使用“横排文字工具”T.在“小王子”文字上方输入法语书名“Le Petit Prince”，设置字体为“Blackadder ITC”，字体大小为“40点”，字距为“0”，文字颜色为“C1,M14,Y68,K0”。在工具属性栏中单击“创建文字变形”按钮，打开“变形文字”对话框，设置样式为“扇形”，保持默认选中“水平”单选按钮的状态，再设置弯曲、水平扭曲、垂直扭曲分别为“+23”“0”“0”，单击 确定 按钮。

（11）添加星星装饰。选中“Le Petit Prince”图层，单击“图层”面板底部的“添加图层蒙版”按钮，然后使用“橡皮擦工具”擦掉两个“i”字母上的点。选择“多边形工具”，在工具属性栏中设置填充为“C1,M14,Y68,K0”，取消描边，设置边数为“5”，单击按钮，在打开的下拉面板中设置星形比例为“50%”，取消选中“平滑星形缩进”复选框，在之前擦掉的两处各绘制一个五角星。

（12）输入路径文字。选择“钢笔工具”，在工具属性栏中设置模式为“路径”。接着在卷轴内部绘制与卷轴弯曲弧度相同的路径，然后选择“横排文字工具”T.，将鼠标指针移至路径左端，当鼠标指针变为状态时，单击鼠标左键插入光标，输入“风靡全球的经典童话”文字，在“字符”面板中设置字体为“思源宋体 CN”，字体样式为“Regular”，字体大小为“13点”，字距为“50”，文字颜色为“C60,M87,Y100,K51”。单击“仿粗体”按钮T。使用相同的方法在该文字下方输入“发行量多达5亿册”路径文字，完成封面制作。

▲ 输入著译者和出版社信息

▲ 输入法语书名和添加星星装饰

▲ 输入路径文字

（13）新建篇章页文件。新建名称为“《小王子》篇章页”、宽度为“188mm”、高度为“262mm”、分辨率为“300像素/英寸”、颜色模式为“CMYK颜色”的文件，然后运用参考线在画面上下左右边缘各设置3mm的出血区域。

（14）布局篇章页。将封面文件中的渐变背景、星星图像、小王子形象相关图层复制到篇章页文件中，重新进行布局。

（15）绘制投影。新建图层，设置前景色为“C68,M69,Y18,K22”，选择“画笔工具”，设置画笔样式为“柔边圆”，在小王子脚底周围绘制人物在地面上的投影，并重命名该图层为“投影”。

（16）调整投影并绘制底纹。设置“投影”图层的图层混合模式为“变亮”，不透明度为“40%”，将“投影”图层移至“小王子”形象下方，然后使用“矩形工具”在底部绘制填色为“C1,M14,Y68,K0”的长方形。

▲ 布局篇章页

▲ 绘制投影

▲ 调整投影并绘制底纹

（17）输入篇章页文字。使用“横排文字工具”T.分别输入“梦的序章”“B612”“PREFACE TO DREAMS”文字，并设置合适的文字格式。

（18）制作装饰元素。使用“椭圆工具”○.在“B612”文字左侧绘制一个填色为“C1,M14,Y68,K0”的小圆点。选择“梦的序章”图层，为其添加图层蒙版，使用“橡皮擦工具”擦除“的”字右侧结构中的一点，然后使用“多边形工具”在该点位置绘制一个填色为“C1,M14,Y68,K0”的五角星，完成篇章页制作。

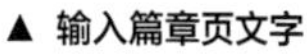
▲ 输入篇章页文字

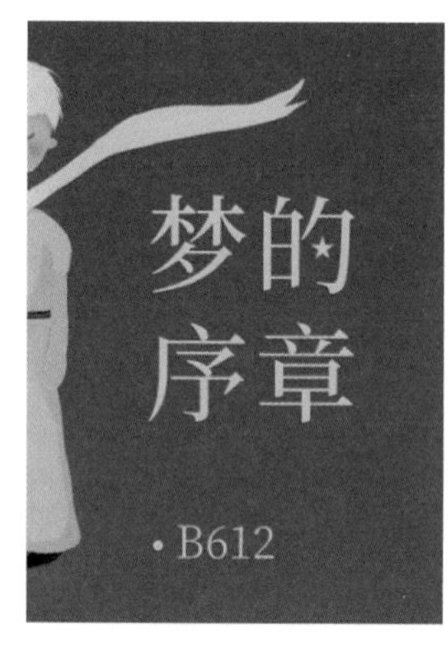

▲ 制作装饰元素

▲ 篇章页效果

（19）查看最终效果。分别盖印封面文件和篇章页文件中的所有图层，为了便于直观地查看设计效果，可将效果运用到“书籍样机.psd”文件中（配套资源\素材\项目3\书籍样机.psd），最后保存所有文件，并设置效果运用文件的名称为“《小王子》装帧应用效果”（配套资源\效果\项目3\《小王子》封面.psd、《小王子》篇章页.psd、《小王子》装帧应用效果.psd）。

▲《小王子》装帧设计参考效果

举一反三，为《儿童绘本》一书设计书籍封面、书脊、封底，并阐述文字、色彩、图形或插图等元素的创意理念，要求效果稳重、大气，具有科幻气息。

项目3图片：参考示例

知识拓展

书籍立体结构设计

随着现代书籍翻阅方式和信息呈现手段愈加丰富，读者对阅读体验的需求也越来越高，并且受建筑设计理念的影响，书籍立体结构设计也逐渐发展起来。运用立体结构的书籍可以称为立体书（或可动书），最初是指打开书页后从中弹出立体图像的书籍，后来也包括在平面的页面上运用纸工技艺，通过翻页、拉动、旋转等方式改变页面效果的书籍。立体书突破了传统书籍的限制，能够通过各种三维创意帮助读者理解书籍内容，让读者在阅读时能通过旋转、推拉、翻折、展开等动作直接和书籍产生互动，增加阅读乐趣。

▲ 立体书《世界是如何运转的》

▲ 立体书《了不起的发明》

在书籍装帧中，常见的立体结构有轮转结构、翻页结构、拉条结构、平行折线结构和相交折线结构，通过对这5种结构的组合、变化、拓展，可以设计出千变万化的立体书。

● 轮转结构。在基础页面的背面放置一个圆盘，在圆盘的中心点用纽扣或者较小的硬纸片等材料进行固定，然后在基础页面上裁出用于露出圆盘中心的洞口，读者可以用手转动圆盘，浏览到基础页面与圆盘上的图案所形成的不同组合效果。

● 翻页结构。翻页结构主要有两种制作方式，第一种是贴卡，在基础页面上粘贴一张卡片或纸片；第二种是揭页，在基础页面上开刀口，从而露出下面的内容。翻页结构常用于遮掩内文中的某个内容，由读者手动翻开纸片，从而“揭开谜底”。

● 拉条结构。以一个长方形的纸条做成拉条，根据需要的拉条运动轨迹在基础页面上开槽，将拉条穿过开槽，然后将需要移动的元件粘贴在拉条上，这样当读者拉动拉条时，该元件就会跟随拉条一起移动，可以实现汽车向前开动、小人向前跑之类的书籍互动效果。

● 平行折线结构。这是制作弹出式立体书的基本结构之一，可以形成折叠与展开三维造型的效果。在平行折线结构中，所有的折线跟基础页面的中心折线都是平行的。

● 相交折线结构。这也是制作弹出式立体书的基本结构之一，同样能形成折叠与展开三维造型的效果。在相交折线结构中，所有的折线都相交于基础页面的中心折线上。一般此法是以“V”形的方式将纸片粘贴在书页上，因此又称“V”形折线结构。

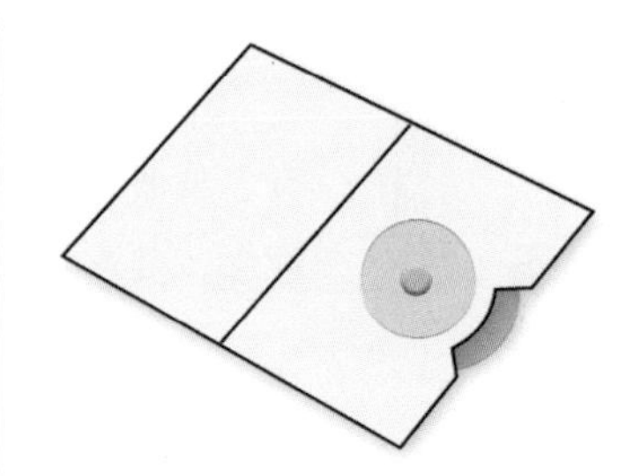
▲ 轮转结构

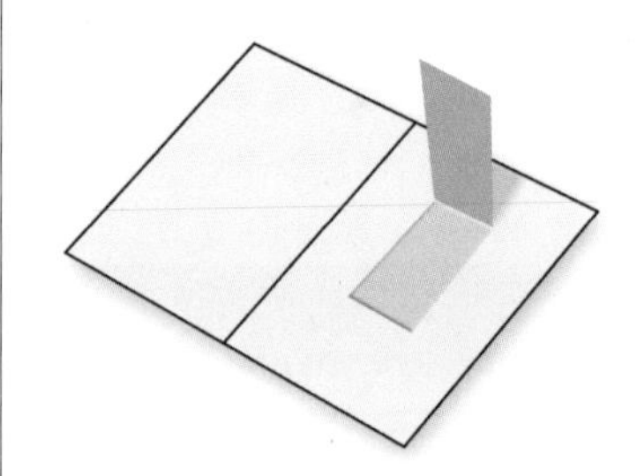
▲ 翻页结构

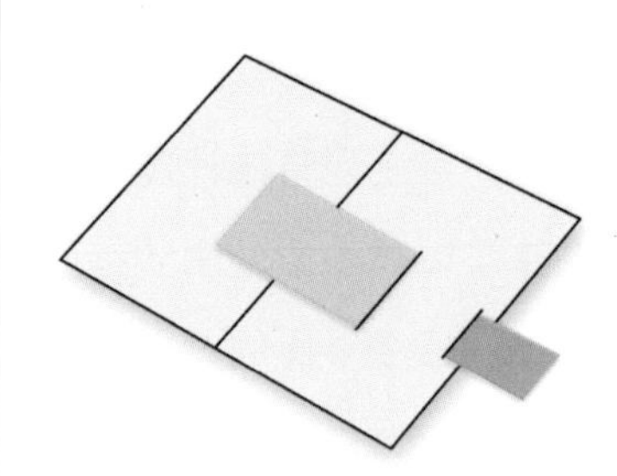
▲ 拉条结构

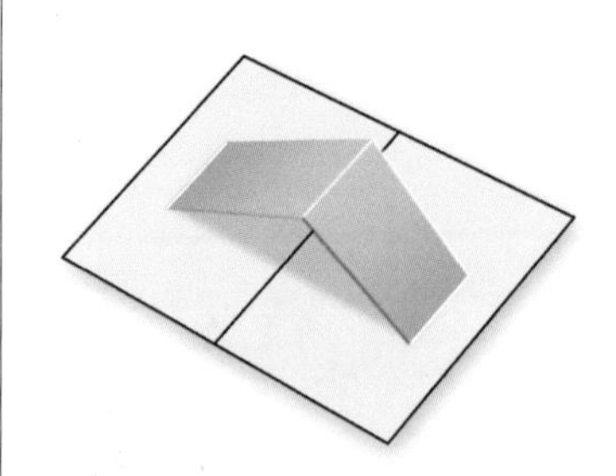
▲ 平行折线结构

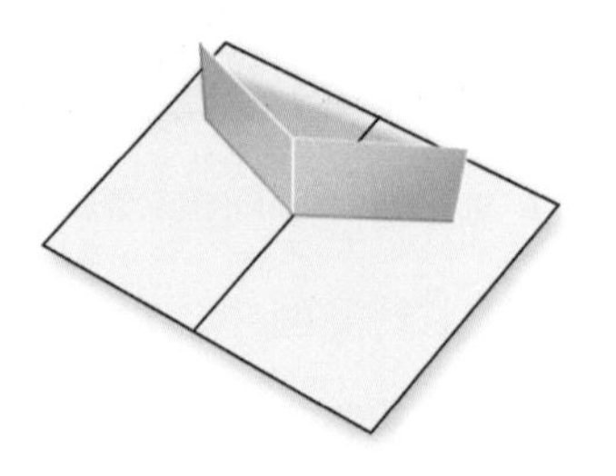
▲ 相交折线结构

04

项目4 书籍装帧版式设计

书籍装帧版式设计是指在既定版面内，根据特定主题和内容的需要，对书籍的结构层次、视觉要素等方面进行科学、美观的编排，符合形式美法则，使书籍的主要内容既能与外部形态协调，又能带给读者阅读上的便利和视觉享受。版式设计中的内容看似细微，却对书籍的整体设计风格起着决定性的作用，既涉及书籍外部结构，又与书籍内部页面息息相关。也正因如此，版式设计是书籍装帧设计的核心部分，版式设计也是设计师必须具备的基础技能。

ART DESIGN

书籍装帧绝不是什么雕虫小技。书籍装帧不仅要求形式美观，而且要求能够烘托和表达作品的思想内容。

——钱君匋

学习目标

1. 了解书籍装帧版式设计中的页面版式要点。
2. 掌握版式设计中的网格构建方法。
3. 熟悉常用的书籍版面类型。
4. 能够在书籍版式设计中应用形式美法则。

素养目标

1. 提升逻辑思维能力，能整合并梳理大量信息。
2. 细节决定成败，注重对书籍版式细节的考量和设计。
3. 学习坚定信念、勇往直前的科研精神，在书籍装帧设计的学习和工作中做到刻苦钻研。

课前讨论

1. 请翻阅本书，着重观察书中的版式设计，本书内页中有什么共通的视觉元素？本书的版式设计有何特点？
2. 请扫描右侧的二维码，欣赏不同的书籍版式，谈一谈你对这些版式设计的理解。

图片：课前讨论

知识分解

知识 4.1 页面版式要点

书籍装帧中的页面版式是指书籍内部结构中前言页、目录页、篇章页、内文页等页面的版式设计，具体包括确定页边距与页码，版心的大小、位置、比例，天头与地脚的标准，书眉与中缝的规范等。这些细节都影响着书籍内容的最终呈现效果和读者的阅读体验，也是设计的重点所在。

4.1.1 页边距与页码设计

页边距是指文字、图片等版面元素与纸张边缘之间的距离，用于调整版面的排版和布局，使之更加有序、美观。一般来说，书籍版面的页边距包括左边距、右边距、上边距和下边距。

设计师在设计页边距时，需要注重书籍内容的可读性和可视性，提升读者的阅读体验，便于读者书写和注释。必要时，可以将书眉和页码等元素放在页边距区域内，但必须保证这些元素不会影响版心内正文的排版效果，同时也不能使页面过于拥挤。除此之外，页边距也是印刷过程中留白的区域，可以有效避免文字或图片被剪裁。由于不同的装订方式会有不同的占位空间，因此在设计页边距大小时，还需要考虑纸张的尺寸、方向和装订位置等因素，以及排版风格。左右页边距一般设置相等，上下页边距可以相等也可不相等，需要根据实际情况而定。为实现个性化的版面效果，设计师还可以在页边距区域放置一些抽象的图形来美化版面。

页码是书籍每页中标明次序的号码或数字，用于统计书籍的总页数，并方便读者翻阅和定位书籍内容，一般位于页边距区域的中央或角落。书籍的前言页、目录页中的页码一般用罗马数字来表示，而正文中的页码则采用阿拉伯数字，便于读者快速查找。

设计师在设计页码时，要考虑可读性、清晰度和美观度，恰当地利用空间，让页码更易识别。同时，为其添加装饰元素也能使页面更具设计感，丰富页面的视觉效果，让页面更有趣，但要注意不应影响页码的可读性和实际功能，避免添加复杂的装饰元素。

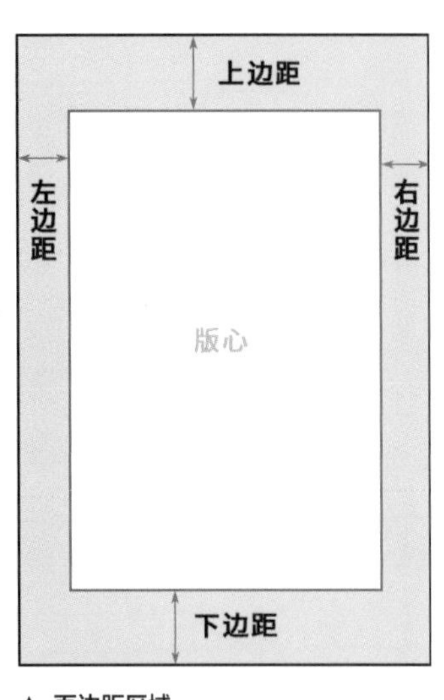

▲ 页边距区域

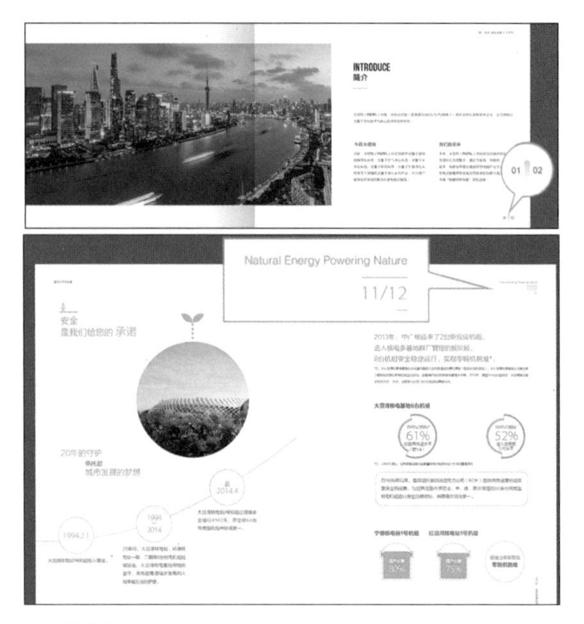

▲ 页码设计

4.1.2 版心设计

版心是书籍内页的基本框架，具体指版面中除去页边距以外的主要区域，一般包括文字、图像、图表、公式等内容。版心在版面中所占的尺寸比例，对书籍版式美观性有着很大的影响。另外，同一本书的内页大多是按照统一的版心来编排，使整本书的版式和谐统一。

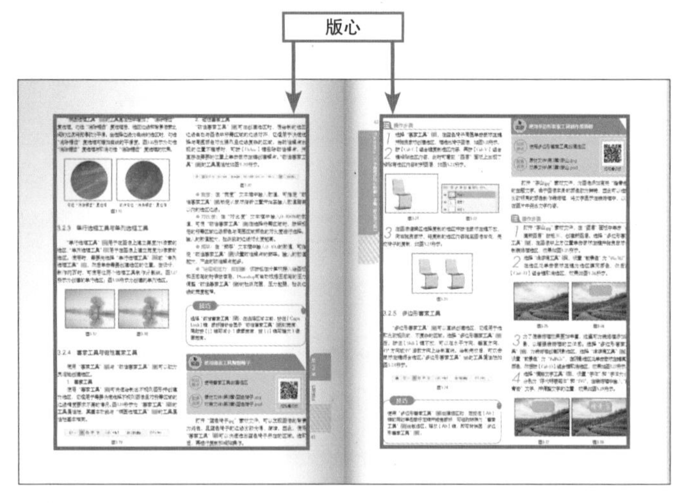

▲ 版心

版心规格主要取决于书籍主体内容及容量，设计师可以综合考虑开本、字体大小、行距疏密等因素来设计版心。大多数以文字为主的书籍版心是常规矩形，文字较多时版心面积不宜过大，因为在阅读时，单行过长的文字容易串行。一般开本较大、文字较多的书籍，在文字的编排上可考虑采用双栏或多栏的版式设计，以避免视觉疲劳。

学术类、文艺类、生活类书籍，书页左、右两侧的页边距往往设计得宽一些，版心比例小一些，给人以悠闲、轻松的感觉。百科全书、工具书、教材教辅类书籍，其页边距较小，版心比例大一些，版心中的图文内容更加丰富饱满。

在版心设计中，版心的背景色一般为白色，给予读者简练和整洁的印象。设计师也可以根据文字的内容为版心设置彩色背景，突出内容；还可以在版心中适当添加色彩鲜艳的边框装饰元素，使页面更有层次感和艺术性。

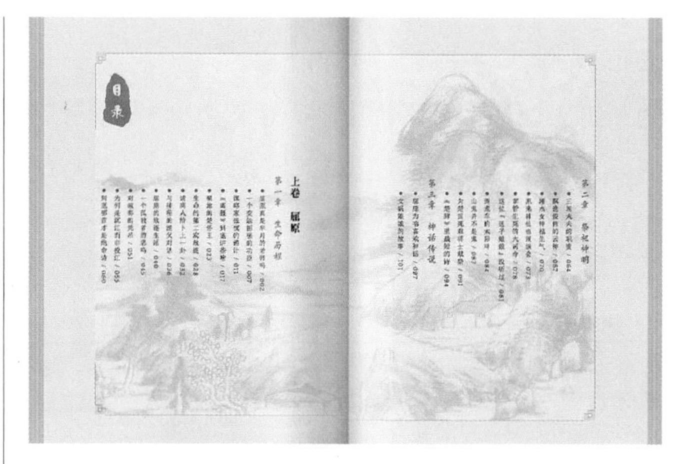

▲ 对版心背景的设计

4.1.3 天头与地脚设计

书籍版面上部的空白部分被称为天头，下部的空白部分被称为地脚。天头中常见的内容是书眉，而地脚中常见的内容则为书籍的附加信息，如页码、特殊日期介绍、徽标简介、名词释义、参考文献或人物介绍等，这些信息应该清晰明了，方便读者快速查找所需内容。

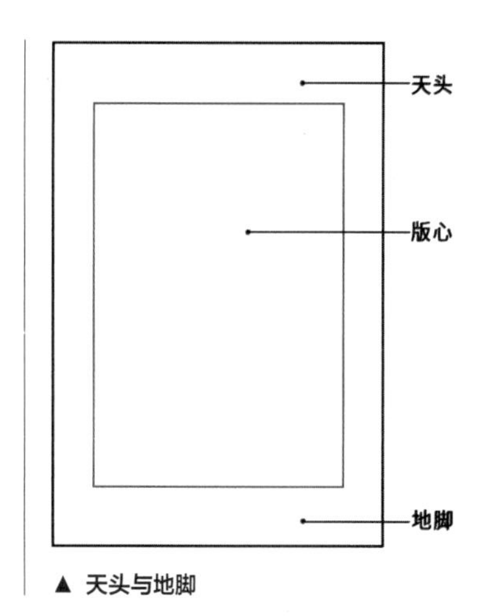

▲ 天头与地脚

此外，设计师还可以根据不同的章节或书籍主题在天头与地脚中增加一些相应的装饰元素，如图案或色块等，从而增强视觉效果。但由于天头和地脚的面积相对版心要小很多，并且位置也比较分散，因此采用大块的图像或其他形式的元素来装饰并不适合。设计师可以考虑用点、线、色块等简洁的元素进行装饰，这些元素既可以自成一组，也可以与书眉、页码组合成新形式。这样不仅能起到分割版面的作用，还能为书籍页面增添设计感，使书籍细节更加精致。

4.1.4 书眉与中缝设计

书眉用于展示与书籍相关的名称，如书名、章节标题、篇题卷数、著作者等。一般情况下，奇数页书眉标注的是章节标题，偶数页书眉则会用来标注篇题；如果没有篇题，则奇数页书眉通常用来标注章节标题，偶数页书眉则会用来标注书名。书眉没有十分固定的位置，通常在版心以外的顶部或外切口，对于横排页面来说，书眉通常印在天头靠近版心的位置；而对于纵排页面，则通常位于版心外切口上方。

在书眉设计上，设计师需要遵循简洁明了和易识别的原则，以及考虑方便读者定位和辨识信息，综合运用各种元素来增加视觉效果和美感，如设计图形、徽标、色彩和字体等。同时，不同类型书籍的书眉也会采用不同的设计风格，以突出其主题和特点。

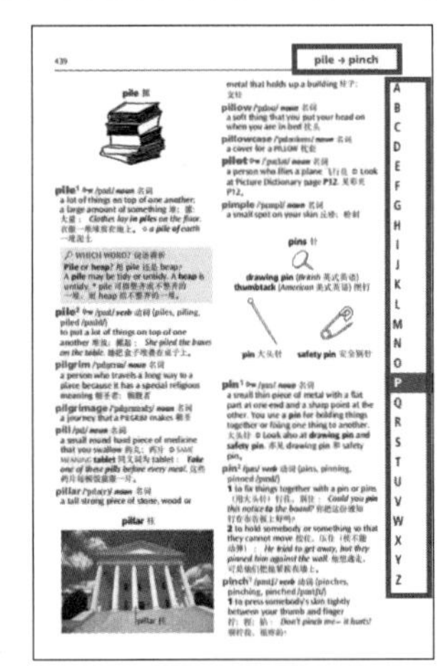

▲
为了方便搜索，词典、字典和手册等工具书的书眉通常添加部首、笔画、字头和字母等内容，以便读者快速、轻松地查找所需内容。

中缝是指书籍中两个页面相连接的缝隙。图书的阅读顺序一般都是从左到右，左右两张页面通过中缝连接在一起。中缝可以有效固定书页，避免因书页松散、掉落或折叠而影响阅读体验。对设计师来说，合理设计中缝不仅能保证书籍的质量，也有助于提高阅读舒适度和美观度。此外，中缝的设计也需要与整本书的风格和氛围相匹配，防止造成视觉上的错乱感。

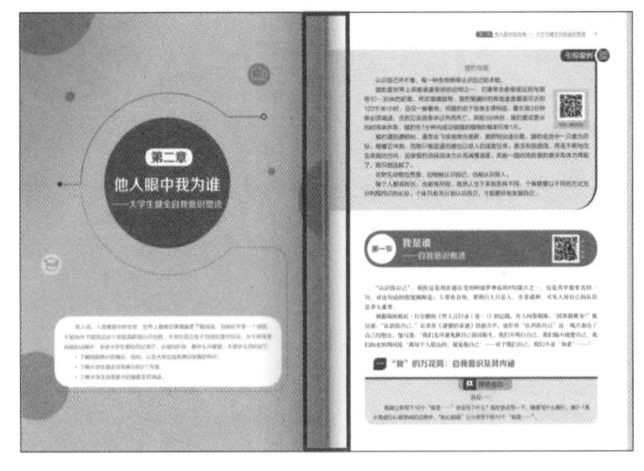

▲ **中缝设计**

【案例设计】——《商品摄影教程》页边距、版心、天头、书眉、页码设计

1. 案例背景

某出版社策划制作《商品摄影教程》一书，该书对网店商品摄影进行了全面且深入的讲解，现需要设计师为该书设置合适的页边距和版心，并设计内页版式的天头、书眉和页码的装饰图形。要求效果简约，具有现代感，图形采用扁平化风格，与书籍主题相关。

扫一扫

4.1.4 《商品摄影教程》页边距、版心、天头、书眉、页码设计

2. 设计思路

在图形方面，本书主要内容是商品摄影，可由此联想到相机，并以此为灵感为书眉设计相机图形，为页码设计相机镜头图形，然后采用简洁大方的色块和灵动的曲线来装饰天头。在配色方面，以具有科技感和现代感的蓝色作为背景色，然后搭配对比色——橙色作为相机颜色，增添页面亮点，其他装饰图形可以考虑使用无彩色，起到衬托和调和的作用。

3. 操作提示

其具体操作如下。

（1）新建文件。启动Illustrator 2022，新建名称为“《商品摄影教程》”、宽度为“185mm”、高度为“260mm”、颜色模式为“CMYK颜色”、出血上下左右均为“3mm”的文件。

（2）设置页边距。按【Ctrl+R】组合键显示标尺，从上方的标尺上拖曳出一条水平参考线，在“属性”面板中设置Y为“26mm”(若无法设置，可先按【Alt+Ctrl+；】组合键解锁参考线)，即页面上边距为“26mm”；再拖曳出一条水平参考线，设置Y为“237mm”，即页面下边距为“23mm”。从左侧的标尺上拖曳出一条垂直参考线，设置X为“22mm”，即页面左边距为“22mm”；再拖曳出一条垂直参考线，设置X为“163mm”，即页面右边距为“22mm”。

（3）设置版心。使用“矩形工具”沿4条参考线绘制一个黑色描边矩形，作为版心。使用“画板工具”在页面右侧新建一个等大的画板，然后使用与步骤（2）、步骤（3）相同的方法，设置页边距并绘制版心。

▲ 设置版心

（4）制作天头色块。按【Ctrl+；】组合键隐藏参考线，使用“钢笔工具”在左上角绘制一个圆角梯形，设置填色为“C75,M0,Y15,K0”，描边为“无”；使用“矩形工具”沿着页面顶部绘制一个较窄的长方形。选中这两个图形，在“属性”面板的“路径查找器”栏单击“联集”按钮。

▲ 制作天头色块

（5）绘制天头曲线。使用“钢笔工具”在色块上绘制多条白色曲线，设置描边粗细为“0.75 pt”。选中所有曲线，按【Ctrl+G】组合键编组。选中天头色块，按【Ctrl+C】组合键复制，按【Ctrl+F】组合键原位粘贴。在“图层”面板中将粘贴的天头色块图层移至天头曲线编组图层上方，依次选中粘贴的天头色块图层、天头曲线编组图层，按【Ctrl+7】组合键建立剪切蒙版，隐藏天头色块之外多余的曲线。

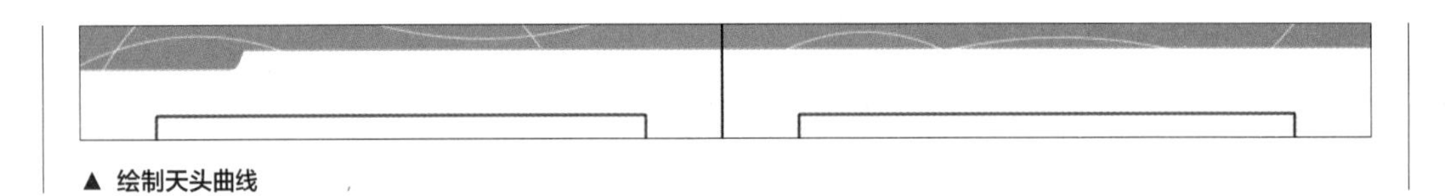

▲ 绘制天头曲线

（6）绘制相机。先使用“钢笔工具”绘制相机机身，分别设置填色为“C0,M0,Y0,K0”“C0,M48,Y80,K0”“C0,M60,Y100,K0”，描边均为“无”；再使用“椭圆工具”绘制机身上的镜头，分别设置填色为“C77,M71,Y69,K38”“C0,M0,Y0,K0”，描边均为“无”；然后使用“矩形工具”绘制镜头左上方的按钮，分别设置填色为“C77,M71,Y69,K38”“C0,M0,Y0,K0”，描边均为“无”；最后使用“钢笔工具”绘制机身左侧的装饰图形，设置填色均为“C54, M50,Y48,K27”，描边均为“无”。

（7）制作投影。使用“椭圆工具”在相机下方绘制一个正圆，设置填色为“C0,M0,Y0,K98”～“C0,M0,Y0,K31”～透明的渐变颜色，描边为“无”，在“渐变”面板中单击“径向渐变”按钮。使用“选择工具”拖曳正圆四周的定界框锚点，将正圆拉长、压扁，以更接近相机的真实投影效果。

（8）输入书眉文字。使用“文字工具”在相机右侧输入“商品摄影教程”文字，设置字体为“思源黑体 CN”，字体样式为“Medium”，字体大小为“10 pt”，填色为“C0,M60,Y100,K0”；再输入“camera”文字，设置字体为“方正姚体”，字体大小为“11 pt”，填色为“C0,M60,Y100,K0”，然后将该文字逆时针旋转90°。

（9）制作圆角多边形。现准备制作偶数页书眉，使用“钢笔工具”绘制多边形，设置填色为“无”，描边为“C0,M0,Y0,K40”，描边粗细为“0.75 pt”。在“属性”面板的“外观”栏中单击“描边”文字，在弹出的下拉面板中单击“圆头端点”按钮和“圆角连接”按钮，然后选择“直接选择工具”，此时多边形转角内侧将出现蓝色圆点，将鼠标指针移至该点上，鼠标指针将变为状态，此时适当向内侧拖曳圆点，制作出较小的圆角。

（10）绘制圆形。使用“椭圆工具”绘制一个较大的白色正圆，再绘制一个较小的灰色圆环，接着绘制一个较粗的蓝色圆环，覆盖住灰色圆环。选择“剪刀工具”，在蓝色圆环左侧和下方路径上分别单击鼠标左键，然后选中较大的圆弧将其删除，保留左下方的圆弧。

▲ 制作投影

▲ 制作圆角多边形

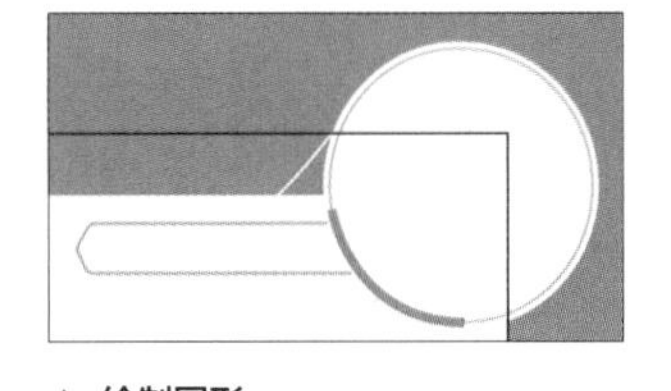
▲ 绘制圆形

（11）输入章名和章号。使用“文字工具”分别输入“7”“短视频后期剪辑”文字，并设置合适的文字格式。

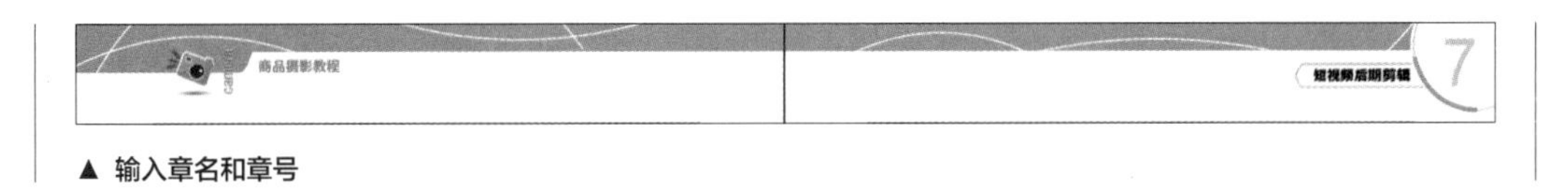

▲ 输入章名和章号

（12）绘制镜头单元。现准备制作页码图形，可以先在画板外面设计出完整的页码图形，再将图形添加到母版页面中使用。使用“钢笔工具”在画板以外的任意位置绘制由一条曲线段、两条直线段组成的类三角形，设置填色为“C75,M0,Y15,K0”，描边为“C0,M0,Y0,K0”，描边粗细为“0.75 pt”。

（13）径向重复镜头单元。选择【对象】/【重复】/【径向】命令，然后在“属性”面板的“重复图”选项中设置实例数为“8”，半径为“3.5 mm”。

（14）制作镜头外轮廓。以镜头中心为圆点，使用“椭圆工具”绘制一个略大于镜头内部空心面积、小于镜头外轮廓的正圆，然后依次选中该正圆和所有镜头单元，按【Ctrl+7】组合键建立剪切蒙版，制作出流畅、圆滑的镜头轮廓。

（15）制作页码。使用“文字工具”在左侧页面底部中央输入页码“200”，设置字体为“Century Gothic”，字体大小为“8 pt”，文字颜色为“C0,M0,Y0,K100”，然后将设计好的页码图形复制到页码处，调整图形大小，使其略大于页码文字。使用相同方法制作右侧页面的页码。

▲ 绘制镜头单元

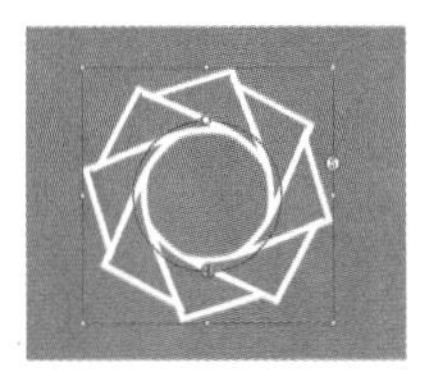
▲ 径向重复镜头单元

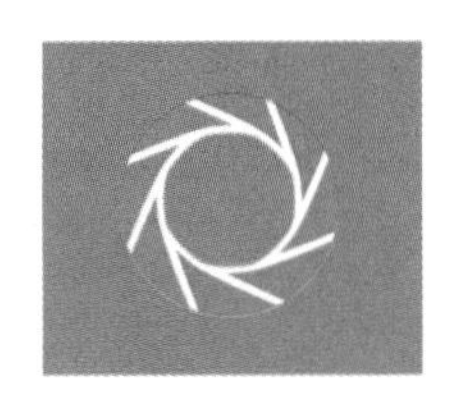
▲ 制作镜头外轮廓

▲ 制作页码

（16）查看最终效果，最后保存文件（配套资源\效果\项目4\《商品摄影教程》.ai）。

▲ 最终效果

技能练习

1. 请为《摄影摄像技术》一书设计天头、书眉，要求天头简约大方，书眉需展示书名、章节标题、章节序号（以“第3章　数码摄影艺术”为例进行展示）等内容，书眉的视觉效果能体现摄影摄像特征，色彩搭配和谐，比例和布局恰当，参考效果如下图所示。

▲《摄影摄像技术》天头、书眉参考效果

2. 请为《Flash动画制作（项目式全彩微课版）》设计书眉和页码，要求使用图形将书眉和页码组合成一个具有设计感的整体，偶数页书眉展示书名，奇数页书眉展示章名（以“项目3 制作生动图画——插画设计”为例进行展示），整体风格现代、简约，富有变化和设计感，参考效果如下图所示。

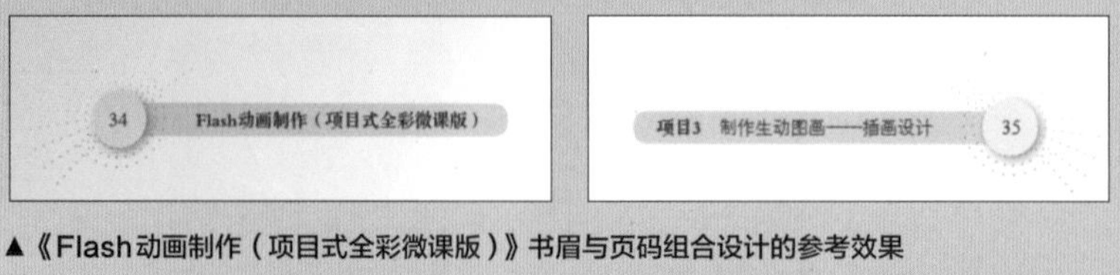

▲《Flash动画制作（项目式全彩微课版）》书眉与页码组合设计的参考效果

知识4.2 网格系统

扫一扫

知识4.2 网格系统

在书籍版式设计中，网格系统是一种非常基础和必要的工具，采用网格系统能够将内页图文信息进行规范化的编排，还可以通过面积的划分和内容的整合，使得版面呈现出合理、均衡、有序的视觉效果。网格系统为设计师提供了一种理性的设计方法，也为版式设计带来更多的便利和现代感。

4.2.1 网格系统的概念和特点

网格系统又称标准尺寸系统、网格设计、程序版面设计，是指基于理性思维和数学算法，将页面划分为若干个规则的网格，以便更高效地组织和排布页面中的文本、图片、表格等内容。

著名的瑞士设计师约瑟夫·米勒－布罗克曼曾这样总结网格系统的优越性："网格使得所有的设计因素——字体、图片、美术之间的协调一致成为可能，网格设计就是把秩序引入设计的一种方法。"

名家品读

约瑟夫·米勒－布罗克曼

约瑟夫·米勒－布罗克曼（1914—1996年）是瑞士著名的平面设计师和艺术家，被誉为现代主义设计风格和瑞士国际主义设计风格的代表人物之一。他在1958年成为了《新平面设计》杂志的主编，以极简主义设计与简洁的排版、图形和色彩而闻名。在20世纪50年代至70年代期间，他广泛应用网格系统和模块化设计的理念，推动了以功能性和极简主义为主导的设计思潮，他的网格系统设计思想不仅影响了当时的设计界，也对现代设计师的网格设计思路产生了深远的影响。

约瑟夫·米勒－布罗克曼非常注重设计中的结构性和组织性，他认为设计应该是有计划、有序的，而使用网格系统是实现这一目标的有效手段。他通过严格应用和不断创新网格系统，在海报设计、标志设计、杂志排版、书籍设计等领域留下了诸多经典的设计作品，在国际上获得了广泛的赞誉，产生了深远的影响。

▲ 约瑟夫·米勒－布罗克曼的著作，封面即采用了网格系统进行排版。

网格系统的特点主要包括以下几个方面。

● 规范化。多年来，网格系统已发展出了一定的规范和模式，使设计师易于学习和应用。此外，网格系统可以为书籍版面提供稳定的框架，需要设计师对字体、颜色、行距和边距等排版要素设定规范，确保页面的统一和协调，使得书籍版式更加有序、规范、整洁，这样可以易于读者理解和阅读。

● 可扩展性。网格系统是一个可扩展的设计系统，可以不断增加或减少网格，以适应不同的页面尺寸和内容量。由于书籍每页内容不尽相同，网格系统能够在保持设计风格和设计原则不变的情况下，实现不同页面大小和不同内容的组合。

● 灵活性。网格系统非常灵活，通过调整行间距、列宽、栏数等参数，可以实现不同版式样式（如对称、不对称、分层、重心等）的构建。此外，设计师应用网格系统时，还可以根据内容需求自由切换网格结构，实现不同的页面样式，适应不同的读者群体。

● 均衡性。网格系统可以使设计元素之间相互配合，并通过调整网格大小、分布，以及元素的色彩、边距、行高、字距等参数，使版面达到视觉上的均衡与稳定，提高阅读舒适度，增强版面美感。

● 引导性。网格系统可以引导读者视线，帮助读者快速获取信息。例如，通过对齐网格线，使整个页面产生连贯性，有助于读者流畅地阅读；通过放大或缩小某个区域的网格单元，可以吸引读者的注意力，使得读者能够更加清晰地了解特定的内容。另外，在设计中使用网格单元呈斜角排列，也可以实现视觉上的引导效果。

4.2.2 网格结构模式

在网格系统中，版心可以被细分成多个区域，每个区域都可以容纳一个或多个信息要素，并且这些信息要素可以根据不同的网格结构模式而获得不同的排版效果。设计师通过灵活运用常见的网格结构模式，可以轻松地打造出符合需求、舒适易读的优秀书籍版面。

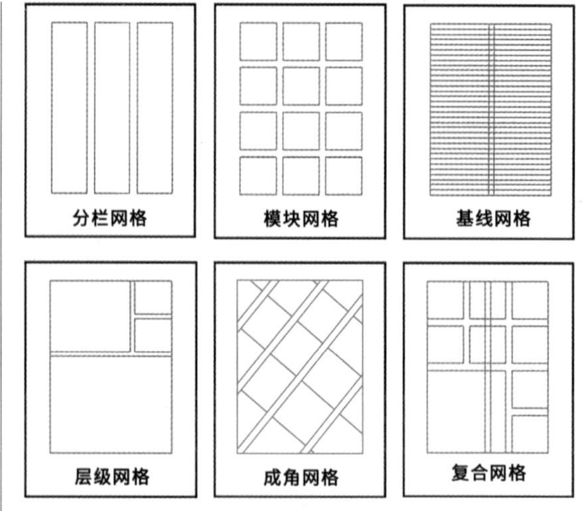

▲ 常见的网格结构模式

1. 分栏网格

分栏网格是一种被广泛应用的网

格系统，它在垂直方向上将版面分割成若干个栏目，每个栏目可以等宽或不等宽，在排版时，依据垂直的每栏基线进行纵向对齐，使得版面更加整齐、清晰。

- 通栏网格。由单个矩形确定版心和页边距，仅一栏，这类网格比较适合布置大量、连续的文本内容，但不仅限于文本。
- 多栏网格。多栏网格比通栏网格更加灵活，可以更好地组织含有插图或层级关系比较复杂的内容，并且每栏都可以单独使用，也可以跨越多栏进行排版。如果内容比较轻松、休闲，且包含较多的图片，一般会设置较多的栏数，以展示更多的图片内容。另外，栏间距通常会设置为正文字符宽度的两倍左右，以便清晰地区分信息，但最终栏间距还是需要根据版面实际情况来确定。

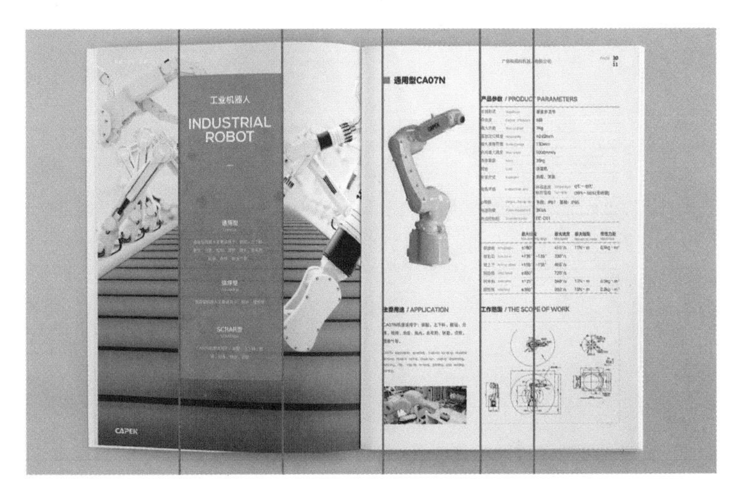

◀ 分栏网格的应用

2. 模块网格

模块网格在分栏网格的基础上进行了扩展，即添加水平方向的行，使行与列交错在版面上形成规律排列的方格。这种网格结构非常适合用于布置复杂多变的内容，相比于传统的分栏网格，模块网格能更好地适应复杂的内容排版需求，并具有更高的自由度。

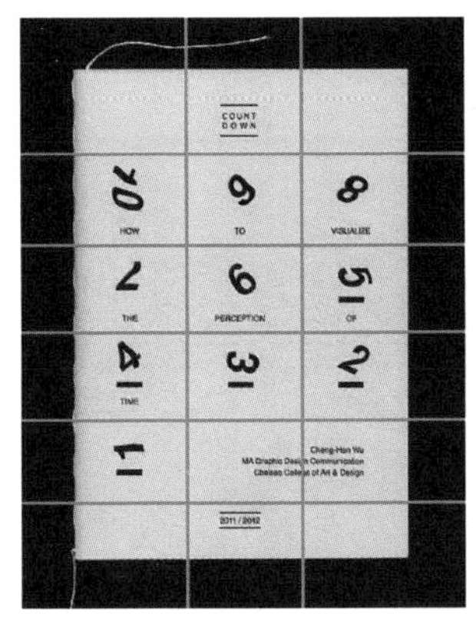

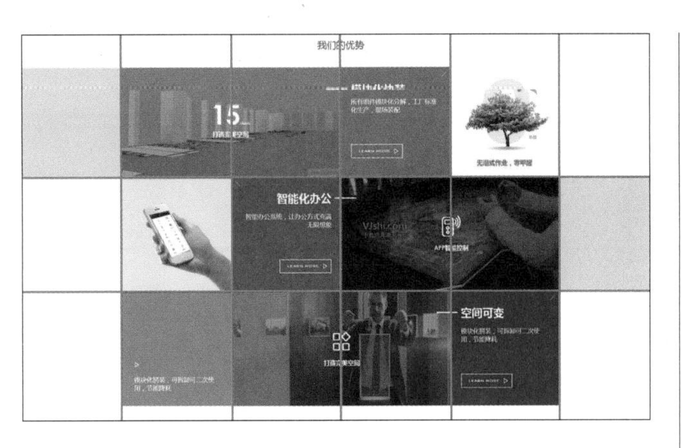

▲ 模块网格的应用

3. 基线网格

基线网格是一种强调横向对齐的网格模式，它以平铺在版面中的水平线为参考，再将版面内的元素排列在水平线上。基线之间的间距取决于文字的字号、行高，且不同字体和字号的文字可以通过共享一条基线来达到规整的对齐效果。

▲ 基线网格的应用

4. 层级网格

层级网格是一种内容导向型的网格模式，基于不同内容的重要性、优先级来划分版面，并依据信息层级次序进行编排，目的是让读者能够按照主次顺序逐层浏览版面，以便更快地找到需要的信息。层级网格也可以通过色彩、字体等元素来强调某些内容的优先级，以达到更好的视觉效果和交互体验。

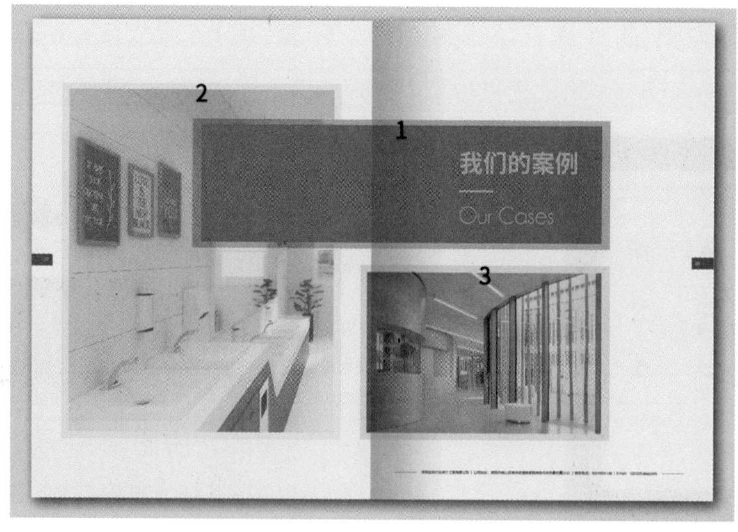

▲ 层级网格的应用

5. 成角网格

成角网格中的参考线都是倾斜的，让版面更具动感。出于版面构图、阅读连贯性和设计效率的考虑，成角网格一般采用1～2种倾斜角度。在成角网格中，参考线的不同旋转角度和方向都有各自的特点，在应用成角网格时，需要考虑阅读导向与网格的倾斜角度是否一致，以使版面更加美观、易读、舒适。

▲ 成角网格的应用

6. 复合网格

复合网格也称重叠网格，是指在版面上综合使用多种网格模式，使版面看起来富有节奏变化。当内容繁多时，可运用复合网格处理不同的内容，在保证版面系统性和组织性的基础上，让各种信息的编排效果更加适合内容本身。

▲ 复合网格的应用

4.2.3 网格系统的构建

为了使版面呈现出更加美观、清晰和有序的效果，提高设计的效率和质量，设计师可以参考以下方法来构建网格系统，从而有组织地排布书籍内容。

▶

1. 确定版面方向和尺寸，设置版心。以210mm×297mm的A4纸幅面为例，设置上、下、内、外边距分别为“13mm”“36mm”“13mm”“26mm”，版心宽度为“171mm”，版心高度为“248mm”。

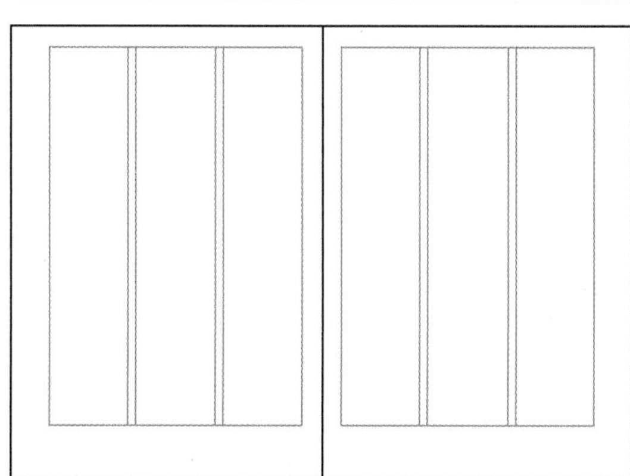

▶

2. 确定栏宽和栏间距。依照行文栏数，将版心分为多栏，并确定栏宽、栏间距。这方面比较灵活，主要根据设计经验、版面疏密来确定。一般而言，A4版面采用三栏、5mm的栏间距较为合适，如果感觉版面太密或太疏，可以适当增减栏间距。这里将A4版面分为三栏，栏间距预设为“5mm”，那么得到的栏宽约为53.67mm。

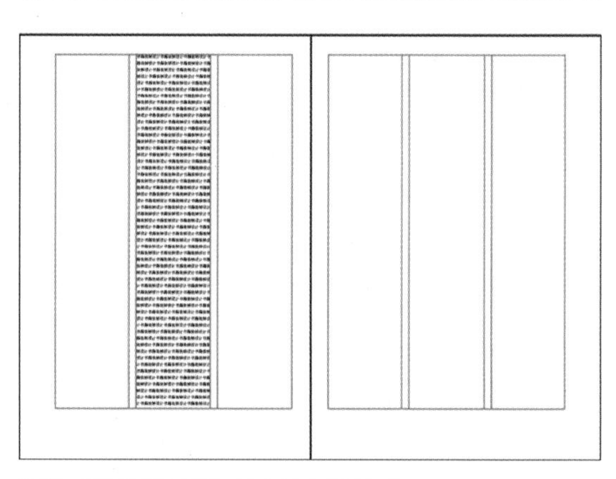

▶

3. 预设字号和行距。在印刷品常规的排版中，字号以“点”作为单位，而一点约等于0.35mm。以正文字号8点、正文行高13点来计算，这里版心的高度就相当于54行正文的高度。如果在当前的版心高度、字号、行距的设定下，版面底部空余超过半行，可以考虑重新调整版心高度，或改变字号、行距。

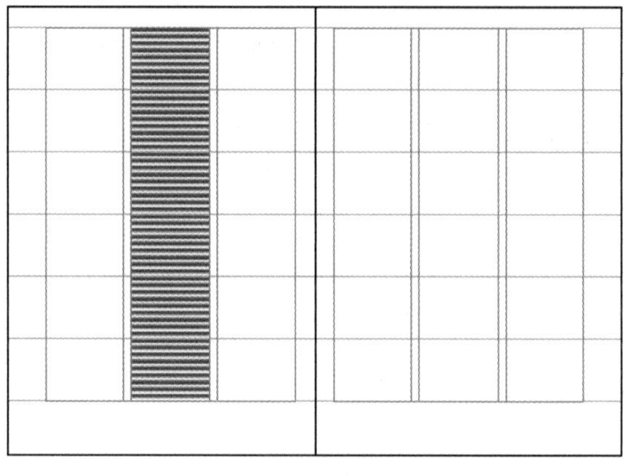

▶

4. 划分网格。为使版面能适应大量的图片插入，这里将整个版心划分为18个单元格，那么每一个分栏就有6个单元格，每一个单元格的高度相当于9行正文。在划分网格参考线时，始终以一行正文高度为基础单位，一个页面中需要插入的图片越多，网格可以划分得越多。

5. 确定垂直间隔预设。在单元格与单元格之间还需设置间距，一般将整数行的正文行高总高度设置为垂直间隔预设。在这里，将1行正文行高设置为垂直间隔预设，1行正文行高为13点，即垂直间隔预设为13×0.35mm=4.55mm，最终得到18格网格系统。

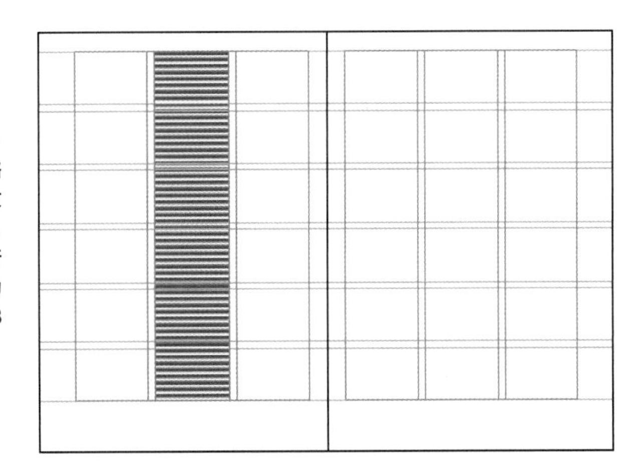

技能练习

1. 在计算机上打开设计软件，搭建18格网格系统，然后在其中添加图文进行排版。

2. 在网络上或图书馆、书店中翻阅书籍，重点观察其版式，并分析所运用的网格结构模式。

知识4.3 常用版面类型

一个好的版面设计可以为读者带来高质量的阅读体验。设计师需要掌握常用的版面类型，了解每种类型的特点，然后在此基础上进行创新应用，并注重不同版面类型中的文化内涵，提升书籍的社会价值和艺术境界。

4.3.1 骨骼型

骨骼型的版面强调版面结构和排版的规则性，因图文内容规整地固定在版面框架中，就像肌肉皮肤依附在骨骼上，所以被称作骨骼型版面。具体是指采用重复性的骨骼（指简单的线条和形状）将版面划分为不同区域，图片和文字遵循严格的比例规则进行编排，创造出一种简洁、和谐、理性的美感。常见的骨骼型版面有横向和竖向分割的通栏、双栏、三栏和四栏等多种类型，尤其是竖向分栏应用较为广泛。并且由于骨骼分割方式多种多样，因此这种版面在视觉效果上既有序又富有活力。

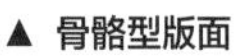
▲ 骨骼型版面

4.3.2 对称型

对称型的版面以中央轴线为基础来设计，轴线两侧的版面元素相对称，看起来非常均衡，给人稳定、庄重、理性之感。对称型版面可分为绝对对称（轴线两侧的布局完全相同）和相对对称（轴线两侧的布局相似但略有不同），还可以分为左右对称和上下对称。

▲ 对称型版面

▲《傅山的世界》/设计：宁成春

该书封面设计属于典型的对称式版面，设计师将傅山的书法作品当作背景，对称排列在书名两侧，竖排的书法像一串串雨，飘逸灵动，仿佛从历史深处飞来，带给读者强烈的视觉和心理震撼。在黑色的背景中，那些书法笔画散发着五颜六色的光，充满浪漫和诗意，令读者沉浸在傅山书法的意境和艺术氛围中。

分享·感悟

《傅山的世界》是致敬我国著名画家、书法家傅山的书籍，以傅山的生平、艺术风格和精神为主线，通过文字和图片展现了傅山艺术作品的魅力和价值，不仅折射出17世纪中国书法的嬗变，还反映了社会文化风尚和美学思潮的变迁。设计师宁成春精心设计的封面，为这本书增添了许多亮点。整个封面构图和配色都经过独具匠心的设计，传达了傅山艺术作品的魅力和价值。这个封面不仅仅是设计师对傅山的致敬，更是向人们展示了一种全新的视觉表现形式，是将传统文化与现代设计相结合的一种探索和创新。

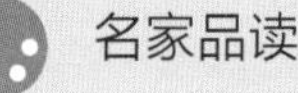

名家品读

宁成春

宁成春是我国著名的书籍装帧设计专家，1965年毕业于中央工艺美术学院书籍美术专业，历任农村读物出版社、人民出版社美术设计，生活·读书·新知三联书店美术编辑室主任，获得过多项国际和国内的设计大奖。

扫一扫

图片：宁成春作品赏析

宁成春注重挖掘中国传统文化价值，并尝试将其融入现代设计中，创造出独具特色的设计作品。在书籍装帧设计中，他擅长运用水墨画、篆刻、书法等传统元素，打造出独一无二的视觉效果；在配色上，他擅长运用华丽的色彩组合，使得书籍的视觉效果更加饱满活泼。总之，他的作品既强调传承和发扬中国传统文化，又在设计上兼顾时尚和前沿，具有独特的审美效果和感染力，深受读者和设计界的喜爱和赞誉。

4.3.3 满版型

满版型的版面以图像填充整个版面，不留空隙，若有文字则放置于图像上。这种版面看起来非常饱满和充实，视觉冲击力强，使读者更容易注意到重点部分，适用于重点强调和宣传某个内容。

◀ 满版型版面

4.3.4　分割型

分割型的版面运用线条、色块、图片，将版面巧妙地分为上下、左右或不规则的几个区域。经过精心设计的分割型版面不仅具有美感，还具有条理性和逻辑性，可以帮助读者快速理解版面结构，使得阅读更加高效。

▲ 分割型版面

在版式设计中常使用黄金分割比例来分割版面，使版面更加美观、有吸引力，营造出视觉上的平衡和稳定。黄金分割比例约为0.618，是一种数学比例关系，被认为是一种最和谐、美观的比例。无论是绘画，还是设计、建模等领域，都可以利用黄金分割这一完美比例。

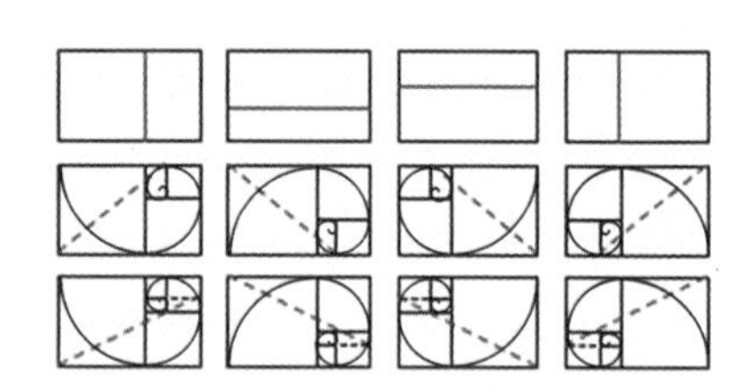

▲ 运用黄金分割比例分割版面的常见方式

【案例设计】——《稻草人》分割型封面设计

扫一扫

4.3.4 《稻草人》分割型封面设计

1. 案例背景

《稻草人》是我国现代著名作家叶圣陶先生所著的中国现代童话，某出版社准备重新出版该书，需要设计师为其制作210mm×297mm的封面，要求风格现代、简约，有油画质感，具有较强的美观性，且要能体现“稻草人”主题。

2. 设计思路

《稻草人》封面可采用分割型版面，运用黄金比例将版面分割为上、下两部分，上面放置与稻草人相关的插图，下面放置书名、作者、出版社、图书简介等信息，使封面版式呈现出简洁、大方的效果；在封面色彩方面，可依据插图中的色彩来搭配同类色或类似色，使整体色彩和谐、朴实、自然。

3. 操作提示

其具体操作如下。

（1）新建文件。启动Photoshop 2022，新建名称为“《稻草人》封面”、宽度为“216mm”、高度为“303mm”、分辨率为“300像素/英寸”、颜色模式为“CMYK颜色”的文件，然后运用参考线在画面上下左右边缘各设置3mm的出血区域。

（2）用色块分割版面。根据0.618的黄金分割比例来计算封面垂直方向的分割位置，使用“矩形工具”沿画面顶部绘制一个216mm×187mm的浅灰色矩形。

（3）添加插图。置入“稻草人.jpg”素材（配套资源\素材\项目4\稻草人.jpg），将其移到浅灰色矩形上，调整大小和位置，按【Alt+Ctrl+G】组合键向下创建剪贴蒙版。

（4）制作油画效果。由于CMYK颜色模式的文件无法使用所需的滤镜功能，因此可以选择【图像】/【模式】/【RGB 颜色】命令，暂时先将文件转为RGB颜色模式，然后选择【滤镜】/【风格化】/【油画】命令，打开“油画”对话框，设置描边样式、描边清洁度、缩放、硬毛刷细节、角度、闪亮分别为“10”“8.7”“4”“7.7”“-141”“2”，单击确定按钮。

▲ 用色块分割版面

▲ 添加插图

▲ 制作油画效果

（5）规划版面的其他部分。现需要根据插图确定下方版面的色彩和布局，本插图偏暖色调，运用了大量黄色系色彩，因此下方版面的色彩可以在黄色系中选择，且由于下方版面主要放置文字，为了衬托和突显主要内容，可以使用低明度的棕色作为文字颜色，背景可以使用高明度的浅黄色。选中背景图层，设置前景色为“C1,M1,Y12,K0”，按【Alt+Delete】组合键填充浅黄色，然后运用“直线工具”绘制几条棕色线段，以确定书名、作者、出版社、图书简介等信息的位置。

（6）添加文字内容。使用文字工具组内的工具分别输入书名、作者、出版社、图书简介等信息，设置字体分别为“方正清刻本悦宋简体”“方正宋三简体”“方正宋一简体”，文字颜色为“C60,M77,Y100,K42”，使文字具有文艺、古典的韵味。

（7）查看最终效果。选择插图所在图层，将其栅格化，然后选择【图像】/【模式】/【CMYK 颜色】命令，将文件转回CMYK颜色模式，再隐藏定位出版社信息位置的线段，盖印所有图层。为了便于直观地查看设计效果，可将效果运用到“书籍样机.psd”素材中（配套资源\素材\项目4\书籍样机.psd），最后保存所有文件，并将运用效果文件改为“《稻草人》封面应用效果”（配套资源\效果\项目4\《稻草人》封面.psd、《稻草人》封面应用效果.psd）。

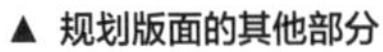

▲ 规划版面的其他部分

▲ 添加文字内容

▲ 查看最终效果

4.3.5 曲线型

曲线型的版面通常有两种形式，一种是直接运用曲线或流线形状来划分版面，版面中的元素沿曲线编排，具有趣味性、节奏感和韵律感，整体给人灵活、自由、优美的感受；另一种是版面内不含实际曲线，而是依据一条无形的曲线来布局元素位置，引导读者视线沿曲线方向浏览版面。

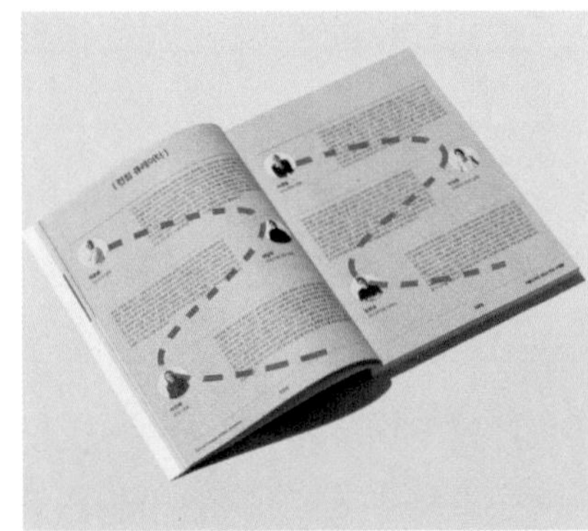

▲ 曲线型版面

▲《丝绸之路历史百科绘本》中的曲线型版面

以丝绸之路为灵感，运用类似于丝绸的曲线从左至右将历史故事串连起来，极具条理性和逻辑性，既活跃了版面效果，又能有效引导读者视线，使读者可以沿着曲线从左至右了解历史故事。

4.3.6 倾斜型

倾斜型的版面将版面元素以一定角度倾斜，当文本和图片等元素的排列呈现出倾斜或倾斜交错的状态时，可打破传统水平或垂直版面的平衡，增强版面动感和视觉冲击力，使整体视觉效果生动、活泼。需要注意的是，版面元素的倾斜角度应该控制在适当范围之内，不宜过大，以免影响版面整体的稳定性和美感。

▲ 倾斜型版面

4.3.7 放射型

放射型的版面以一个中心点为起点，通过向四周散射的方式延伸出多条分支线，并在分支线上放置版面元素，从而呈现出一种朝气蓬勃、生机盎然的视觉效果。这种类型的版面看起来更有空间感，并突出版面中心，可将关键内容呈现在最醒目的位置。

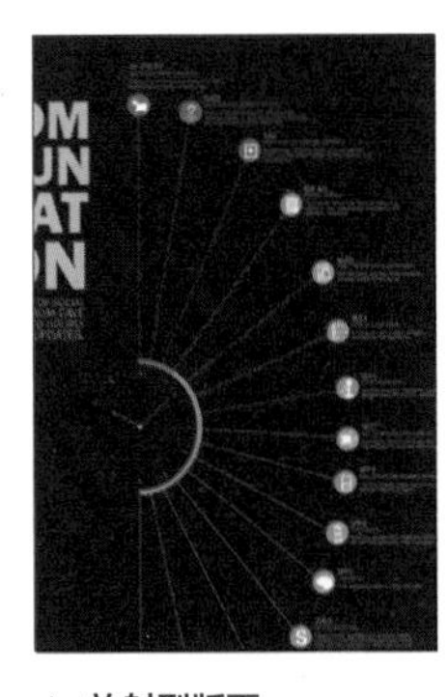

▲ 放射型版面

4.3.8 重心型

重心型的版面是指将重要的视觉元素集中在版面重心位置，作为视觉焦点来吸引读者注意，以强调版面的重点，增强信息传达效果。在重心型版面中，版面的重心要设置得合理，不能过于偏离版面中心而导致失衡，避免影响版面的美观性和稳定性。设置的重心通常将版面分为上下或左右两个部分，以形成稳定而平衡的版面效果。

▲ 重心型版面

4.3.9 三角形

三角形的版面是指以三角形为基本构图依据，通过组合三角形或沿三角形的边角来排列元素，形成整个版面。在三角形版面中，运用正三角形能带来稳定感和安全感；运用倒三角形能打破稳定感，带来动感的视觉效果；运用斜三角形能减少版面的严肃感，增添倾斜感和灵动感。

▲ 三角形版面

4.3.10　对角线

对角线的版面是指以对角线为基本构图依据，沿对角线放置元素，类似“X”形状的版面结构。其设计重点在于同一对角线两端的元素需要互相呼应，以达到稳定均衡的版面效果。对角线版面较为新颖、特别，设计师灵活运用该版面能够带给读者清晰、有趣的阅读体验。

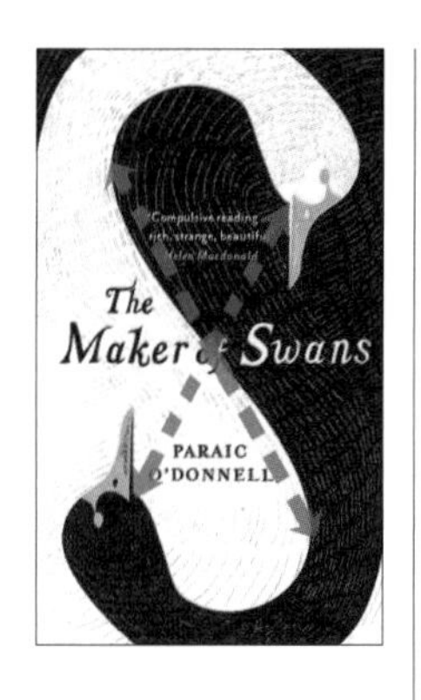

▲ 对角线版面

【案例设计】——《中国地理》对角线封面设计

扫一扫

4.3.10 《中国地理》对角线封面设计

1. 案例背景

某出版社准备出版百科类书籍《中国地理》，现已进入封面设计环节，需要设计师根据提供的书籍封面素材，制作一张以展示风景地貌为设计核心的书籍封面，并能够突出《中国地理》的主要内容和精彩看点。要求整体版式设计灵活多变，能给读者留下生动有趣的印象，尺寸为210mm×297mm。

2. 设计思路

根据出版社要求，风景图像是《中国地理》书籍封面的主要内容，因此可先美化风景图像，然后将其放置在封面中央，封面中其他元素沿风景图像的对角线编排。由于书名是主要的文字内容，因此所占版面比例应较大；而书籍介绍的内容字数较多，面积占比也较大，因此可将这两部分内容作为一组对角线编排元素。此外，为了丰富封面效果，可以添加一些关于自然植物的装饰元素，增强封面的艺术性，并将这些装饰元素与内容较少的编者、出版社信息作为一组对角线编排元素。

3. 操作提示

其具体操作如下。

（1）新建文件。启动Photoshop 2022，新建名称为“《中国地理》封面”、宽度为“216mm”、高度为“303mm”、分辨率为“300像素/英寸”、颜色模式为“CMYK颜色”的文件，然后运用参考线在画面上下左右边缘各设置3mm的出血区域。

（2）布局对角线版面。使用“矩形工具”在画面中绘制不同颜色的矩形，用于布局风景图像、编者、出版社、书名、图书介绍等信息位置，注意对角线两端的元素位置可以不完全对称，元素所占面积也可以不完全对等，以使版面更加灵动。

（3）调整图像色彩。打开“风景.jpg”素材（配套资源\素材\项目4\风景.jpg），由于是在阴天条件下拍摄的，因此图像具有亮度不足、色彩不鲜明等特点，可以选择【图像】/【调整】/【色相/饱和度】命令，打开“色相/饱和度”对话框，设置饱和度为“40”，单击 确定 按钮；选择【图像】/【调整】/【亮度/对比度】命令，打开“亮度/对比度”对话框，设置亮度、对比度分别为“21”“14”，单击 确定 按钮。

▲ 布局对角线版面

▲ 调整图像色彩

（4）创建剪贴蒙版。将美化后的风景图像拖入封面文件中，并移到最大矩形上，然后调整大小和位置，按【Alt+Ctrl+G】组合键将其创建为最大矩形的剪贴蒙版。

（5）输入书名和图书介绍文字。使用“横排文字工具” T.输入书名，设置字体为“思源宋体 CN”，字体样式为“Bold”，字体大小为“120点”，行距为“130点”，文字颜色为“C1,M40,Y84,K0”；输入图书介绍文字，设置字体分别为“思源宋体 CN”“思源黑体 CN”，字体样式为“Regular”，文字颜色为“C0,M0,Y0,K0”，并依次调整为不同的字体大小。完成后，隐藏用于布局书名和图书介绍内容的矩形。

（6）突显书名和重点介绍文字。此时部分书名位于风景图像上，效果不明显，可更改该部分的文字颜色。新建图层，将其创建为书名文字的剪贴蒙版，在新图层中将风景图像中的书名填充为白色。使用“矩形工具”在重点介绍文字上绘制一个黄色长方形，作为文字背景。

（7）绘制圆点装饰。新建图层，设置前景色为“C84,M35,Y100,K1”，选择“画笔工具”，设置画笔样式为“硬边圆”，在封面空白处绘制较小的圆点，绘制过程中可适当调整画笔大小。

▲ 输入书名和图书介绍文字　　▲ 突显书名和重点介绍文字　　▲ 绘制圆点装饰

（8）绘制植物装饰。使用“钢笔工具”绘制植物装饰，注意需依据对角线编排植物装饰的位置。

（9）输入编者、出版社信息。使用“直排文字工具” IT.输入编者、出版社信息，设置字体为“思源黑体 CN”，字体样式为“Regular”，字体大小为“16点”，行距为“28点”，字距为“100”，文字颜色为“C0,M0,Y0,K0”。

（10）查看最终效果。盖印所有图层，为了便于直观地查看设计效果，可将效果运用到“书籍样机.psd”素材中（配套资源\素材\项目4\书籍样机.psd）。最后保存所有文件，并将运用效果文件命名为“《中国地理》封面应用效果”（配套资源\素材\项目4\《中国地理》封面.psd、《中国地理》封面应用效果.psd）。

▲ 绘制植物装饰

▲ 输入编者、出版社信息

▲ 查看最终效果

技能练习

1. 某出版社准备出版一本心理学类漫画版图书《心理学原来这么有趣》。现已进入封面设计环节，为了突出趣味性，要求运用倾斜式版面来设计该书封面，色彩鲜艳、明亮，具有一定的对比，封面中各元素布局灵活，能给读者留下生动有趣的印象，激发读者阅读和购买本书的兴趣，参考效果如右图所示。

2. 某出版社准备对《商品摄影教程》一书进行改版，需要设计师参考前期设计的天头、书眉、页码样式来设计目录页的版式，要求运用骨骼型版面进行双栏排版，将目录页中的图片和文字遵循严格的比例规则进行编排，使目录页整体呈现出一种和谐有序的美感。

▲《心理学原来这么有趣》封面版面参考

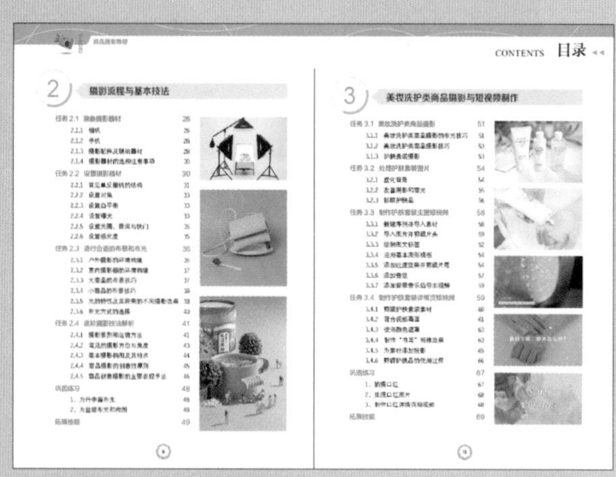

▲《商品摄影教程》目录版面参考

任务实践

《百名院士的红色情缘》护封版式设计

《百名院士的红色情缘》护封版式设计

1. 任务背景

《百名院士的红色情缘》是一部传记集，回望了中国科技发展史上那些坚定的红色足迹，讲述了钱学森、朱光亚、王大珩、彭士禄、袁隆平等100位中国工程院院士的爱国故事，全面展示了他们在科研创新方面无私奉献、孜孜不倦的精神风貌，鼓励读者在应对挑战时坚定信念、勇往直前，传承和弘扬红色精神。本任务是为该书设计护封（尺寸如下图所示），要求着重体现书名中的"百名院士"，并简单介绍书籍主要内容，信息展示清晰、有条理，色彩搭配简约、稳重，整体视觉效果庄重、正式、大气，能营造出浓厚的爱国氛围。

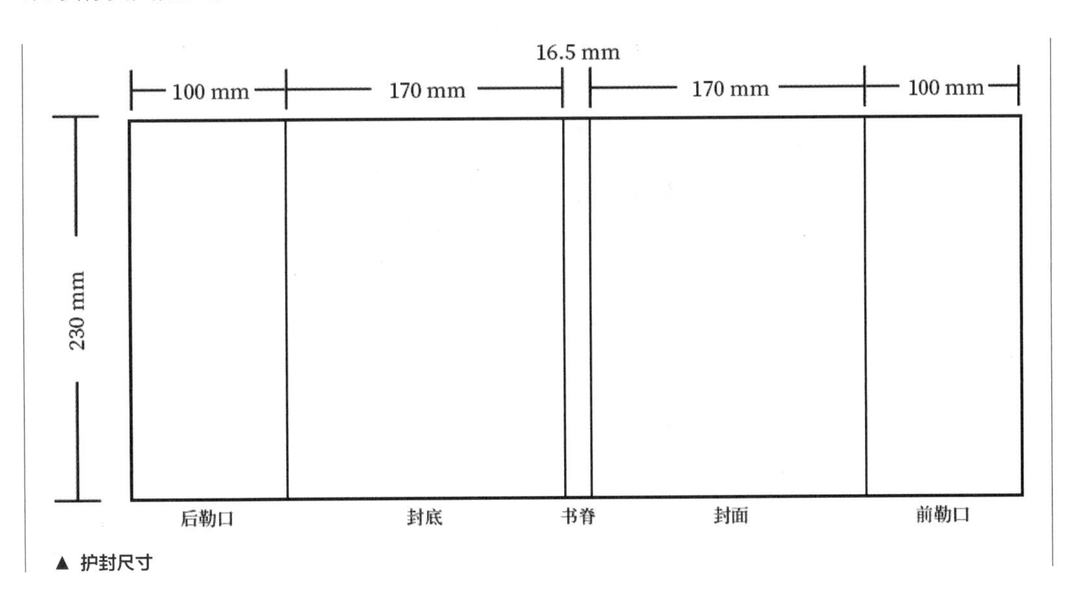

▲ 护封尺寸

2. 任务目标

（1）选择一种或多种合适的版面类型布局版面，使整体版式美观、大方。

（2）分别规划好书脊、封面、前勒口、封底、后勒口中的内容。

（3）运用一种或多种网格结构模式来对护封内容进行布局。

3. 设计思路

护封整体设计可以采用对称型版面，以书脊为对称轴，左侧的封底、后勒口，与右侧的封面、前勒口大致呈对称状态，左右两侧布局均衡。对于封面、封底、勒口，可以采用不同的版面和网格结构模式。配色以书名中的“红色”为主，搭配白色背景和棕色的文字，使整体配色和谐、稳重，且文字效果突出。

封面、封底主要展示100位中国工程院院士的人物插图，制作这部分内容时，可以借助模块网格来制作四栏骨骼型版面。又由于封面、封底的文字内容较少，因此可以直接在空白处合适的位置竖向排版文字，注意文字位置应错落有致，为规整、严肃的骨骼型版面增添一丝灵动。

勒口用于展示100位中国工程院院士的简介，可借助基线网格，前、后勒口各横向排版50位中国工程院院士的简介文字。书脊主要展示书名、出版社信息，且由于书脊较窄，因此采用竖向排版。

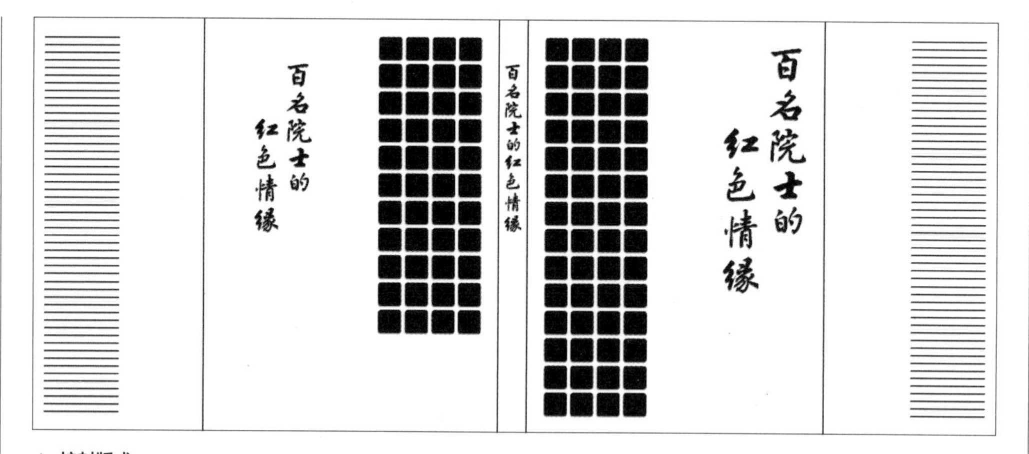

▲ 护封版式

4. 任务实施

先使用计算机软件制作护封，然后将护封运用到书籍样机中查看立体效果。

（1）创建画板。启动Illustrator 2022，新建名称为“《百名院士的红色情缘》护封”、宽度为“16.5mm”、高度为“230mm”、颜色模式为“CMYK颜色”的文件，设置上下左右出血均为“3mm”。使用“画板工具”在画板1右侧依次绘制符合封面、前勒口尺寸的两个画板，在画板1左侧依次绘制符合封底、后勒口尺寸的两个画板。

（2）制作书脊。选中画板1，使用“矩形工具”绘制一个与书脊尺寸等大的矩形背景，在“属性”面板中设置填充为“C20,M95,Y100,K0”，描边为“无”。打开“文字素材.ai”素材（配套资源\素材\项目4\文字素材.ai），将其中的手写书法体书名文字和出版社标志、名称复制到书脊中，修改填色均为“C0,M0,Y0,K0”。

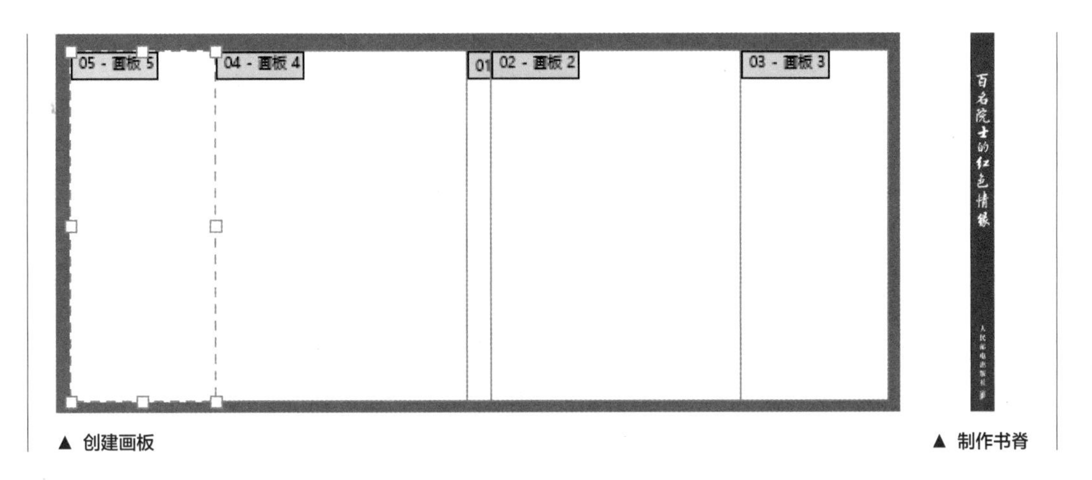

▲ 创建画板　　▲ 制作书脊

（3）绘制封面矩形。选中封面所在的画板2，使用“矩形工具”沿画板2左边缘绘制一个矩形，设置填充为“C20,M95,Y100,K0”，描边为“无”；在该矩形内部绘制一个较小的矩形，设置填充为“无”，描边为“C0,M0,Y0,K100”，描边粗细为“1 pt”，用于建立模块网格和制作四栏骨骼型版面。

（4）建立模块网格。选中较小的矩形，选择【对象】/【路径】/【分割为网格】命令，打开“分割为网格”对话框，在“行”栏中设置数量、栏间距分别为“14”“2mm”，在“列”栏中设置数量、栏间距分别为“4”“2mm”，单击确定按钮，然后选择【视图】/【参考线】/【建立参考线】命令。

（5）制作四栏骨骼型版面。使用“圆角矩形工具”沿单个网格的边缘绘制圆角矩形，圆角矩形须与单元网格等大，设置填色为“C0,M0,Y0,K0”，描边为“C33,M55,Y58,K0”，描边粗细为“0.4 pt”。选择【对象】/【重复】/【网格】命令，此时画板中将显示重复图框架，调整框架右侧至网格最右侧边缘，调整框架底部至网格最下方边缘，然后在“属性”面板的“重复图”选项栏中设置网格中的水平间距、网格中的垂直间距均为“2mm”。

（6）排版人物插图。选择【对象】/【扩展】命令，保持默认设置不变，单击“确定”按钮。单击“属性”面板“快速操作”栏中的“释放蒙版”按钮，然后重新选中网格，在“快速操作”栏中重复单击“取消编组”按钮。将“图片素材”文件夹（配套资源\素材\项目4\图片素材\）中的人物插图依次添加到圆角矩形中，并创建剪切蒙版。

（7）添加封面文字。选择“直排文字工具”，输入图书内容介绍文字、作者信息，设置字体分别为“方正细雅宋_GBK”“方正中雅宋_GBK”，填色均为“C33,M55,Y58,K0”，调整至合适的文字大小、位置、间距。将“文字素材.ai”素材中的书名文字和出版社标志、名称复制到封面中，调整大小和位置，按【Ctrl+;】组合键隐藏参考线查看效果。

（8）建立基线网格。选中前勒口所在的画板3，使用“矩形工具”▭沿画板3左边缘、上边缘、下边缘绘制一个红色矩形，设置填充为“C20,M95,Y100,K0”，描边为“无”，然后使用与步骤（4）、步骤（5）相同的方法，建立50行×1列的基线网格。

（9）输入前勒口文字。使用“矩形工具”▭沿基线网格右边缘向左绘制尺寸为“8mm×0.071mm”的细矩形，细矩形垂直居中于每行，设置填色为“C33,M55,Y58,K0”，描边为“无”。选择“文字工具”T，沿网格内部的每条基线输入50位中国工程院院士的简介，设置字体为“方正细雅宋_GBK”，填色为“C33,M55,Y58,K0”，字体大小为“5.5 pt”，按【Ctrl+；】组合键隐藏参考线查看效果。

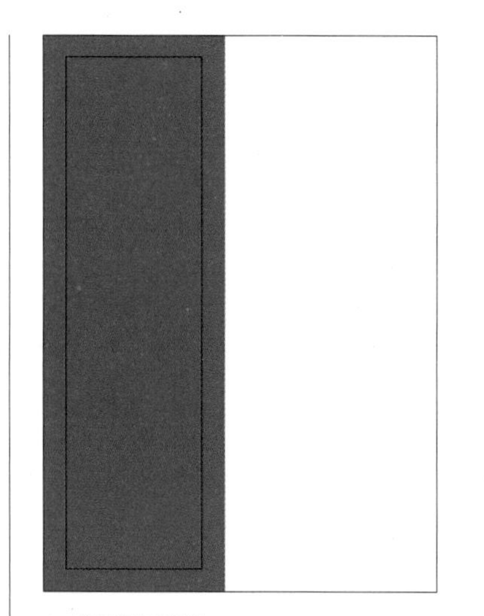

▲ 绘制封面矩形

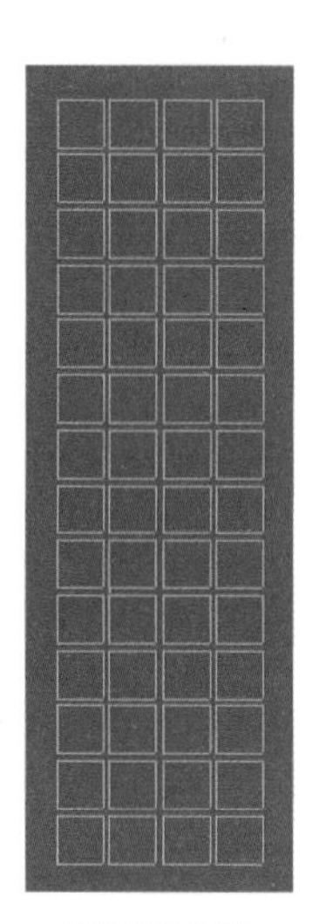

▲ 建立模块网格

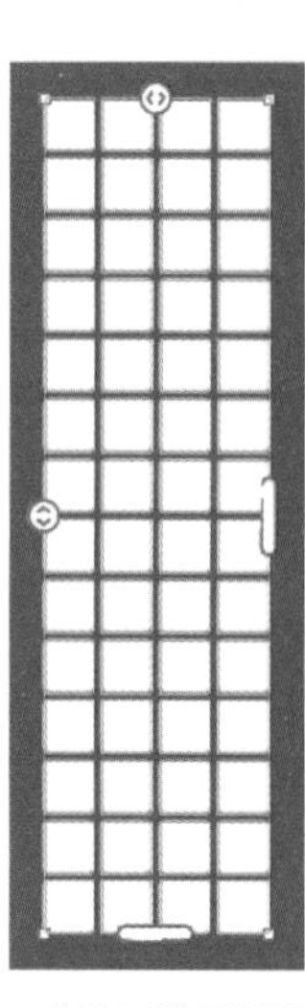

▲ 制作四栏骨骼型版面

▲ 排版人物插图

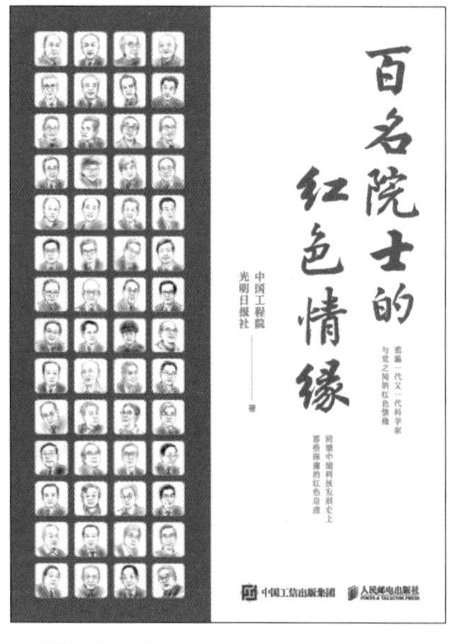

▲ 添加封面文字

▲ 建立基线网格

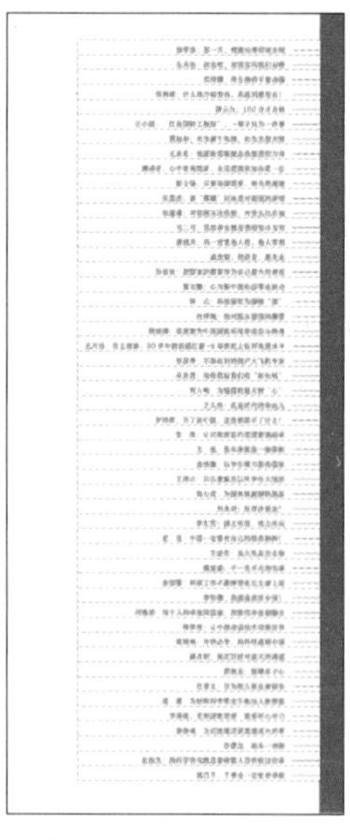

▲ 输入前勒口文字

（10）制作封底、后勒口。使用与制作封面相同的方式制作封底，使用与制作前勒口相同的方式制作后勒口。

（11）查看最终效果。为了便于查看真实的效果，可导出JPG格式、分辨率为“高（300ppi）”的文件（配套资源\效果\项目4\《百名院士的红色情缘》护封\），然后在Photoshop 2022中将其应用到“书籍摊开样机.psd”中（配套资源\素材\项目4\书籍摊开样机.psd），最后保存所有文件，并将应用效果文件命名为“《百名院士的红色情缘》护封应用效果”（配套资源\效果\项目4\《百名院士的红色情缘》护封.ai、《百名院士的红色情缘》护封应用效果.psd）。

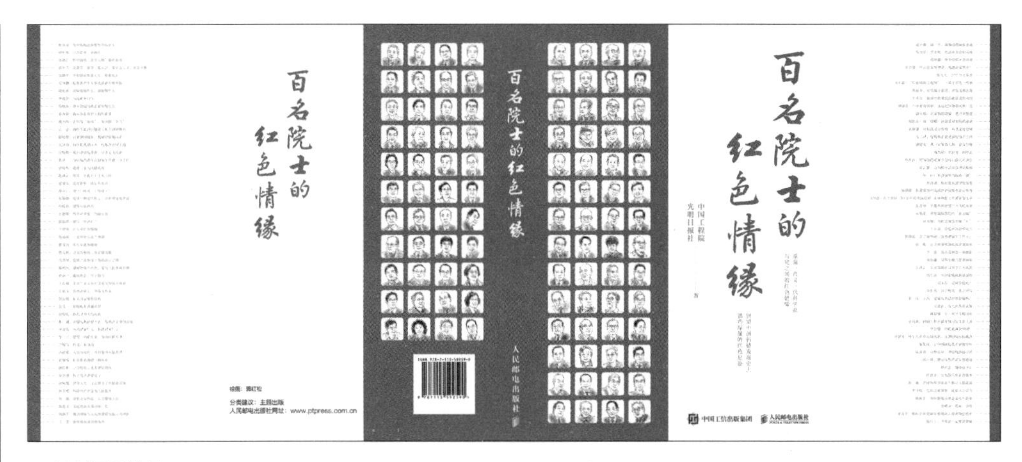

▲ 护封平面效果

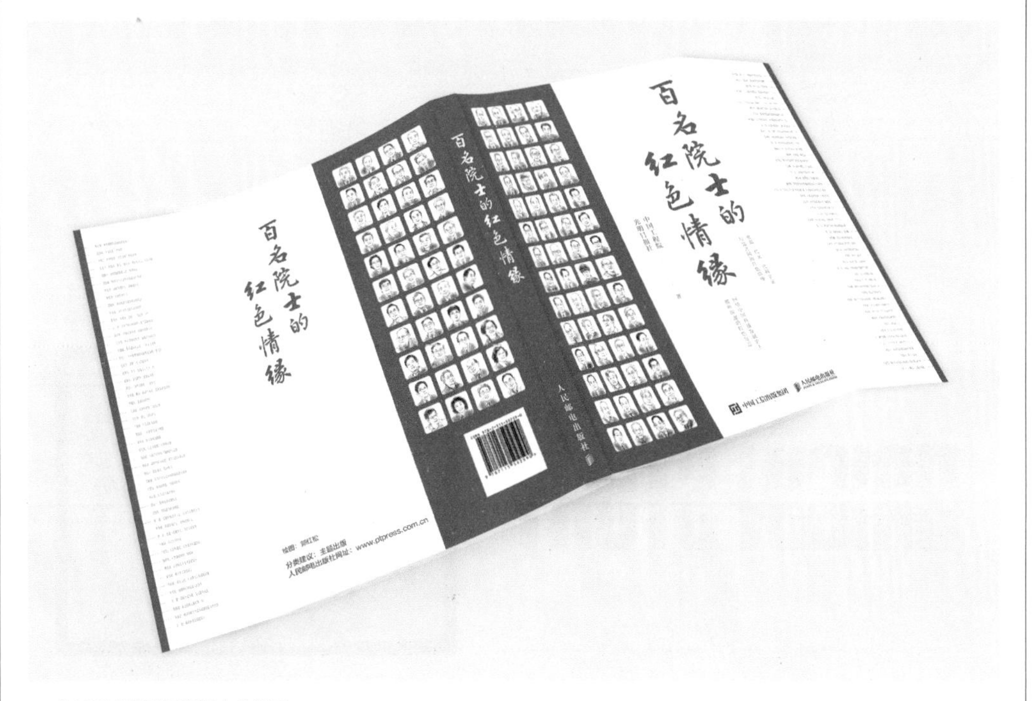

▲ 应用到书籍摊开样机中的效果

举一反三，为《百名院士的红色情缘》一书设计扉页版式，尺寸要求为170mm×230mm，运用至少一种版面类型，最终效果稳重、大气、端庄。

扫一扫

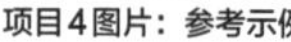
项目4图片：参考示例

知识拓展

在书籍版式设计中应用形式美法则

书籍版式设计要在满足开本、风格、情节等前提下，使读者更轻松、顺畅地理解内容，同时，也要考虑书籍整体的美观性。可以说，成功的版式设计必须做到内容与形式完美结合，实用性与美观性并存。通过在版面设计中运用静态与动态、对比与调和、变化与统一、虚与实等形式美法则，可以使书籍版式在和谐中具有变化，在平静中又充满了视觉和心理上的跃动，使其具有节奏与韵律，从而激发读者的阅读兴趣。

- 静态与动态。静态是指书籍版式中的元素呈现出端正、稳定、纯平面的状态，动态则是指呈现变化、不稳定、立体的状态。静态的元素具有稳定、端庄、沉静的特点，能够为读者提供清晰、直接的信息交流；而动态的元素则有着立体感、运动感，可以创造出丰富的视觉体验。当两者结合时，静态的元素可以作为版面主体和框架，动态的元素则可以为版面注入活力、生命力和流动性。

▲ 书籍版面中的静态与动态

● 对比与调和。对比是指不同元素之间的明显反差，如大小、颜色、形状等方面的差别，调和则是指平衡、协调不同元素，如通过和谐的色调、均衡的大小等多种形式达到平衡与协调。设计师可以通过对比来吸引读者注意，突出重点内容，再通过调和使得版面更加赏心悦目、舒适易读。

● 变化与统一。变化是指元素间的差异和变化，如大小、颜色、形状等方面的变化，统一则是指将不同元素进行协调、整合，使其具有整体性，如书籍从封面到内容到封底，所有页面相对独立，但又必须相互关联。在版式设计中通过变化可以吸引读者注意，减少阅读疲劳，而通过统一则可以实现版面整体的和谐美感。

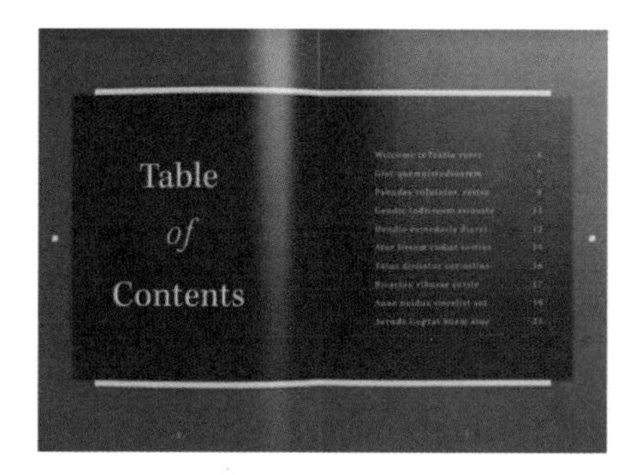

▲ 书籍版面中的对比与调和

▲ 书籍版面中的变化与统一

● 虚与实。在书籍版式设计中，虚是指淡化的元素或留白，能够在版面中创造出一种轻松、宁静的氛围；实则是指厚重、色彩浓郁的元素，能够吸引读者的眼球和注意力。虚与实相结合可以达到一个平衡的效果，既完整展现书籍内容，又可以避免版面过于混乱、拥挤、难以阅读等问题。

▲ 书籍版面中的虚与实

05

项目5 书籍装帧封面创意

书籍封面犹如书籍的“脸”，俗话说“相由心生”，面相可以反映一个人的内心世界，展示喜怒哀乐等情感，同理，书籍封面是一本书带给人的第一印象，也是展示书籍内容的窗口。在书籍封面设计中，创意扮演着至关重要的角色，它是将读者视线吸引到一本书上的关键。一个独特、引人注目的封面设计可以激发读者的好奇心，增加他们探索书籍的兴趣。书籍装帧封面创意是一个结合创造力、理解力和制作技巧的过程，要想设计出优秀的、极具创意的书籍封面，设计师必须理解和掌握封面设计的知识和方法，提升创意思维，深入理解书籍内涵，以创造性的设计帮助书籍在图书市场中脱颖而出。

书衣能反映出设计师的心灵，它是活的。设计得不好，这本书没有感染力，就是死的。

——宁成春

学习目标

1 掌握封面设计重点。
2 了解封面设计形式。
3 了解封面创意思维方式。
4 掌握封面创意表现方法。

素养目标

1 培养深入思考和理解专业领域知识的能力。
2 提升对书籍主题的敏感度。
3 培养观察力和细节关注力，以及通过观察周围的事物来获取创意和灵感的良好设计习惯。
4 树立文化自信，在封面设计中注入中华优秀传统文化内涵。

课前讨论

请扫描右侧的二维码查看不同类型书籍的封面设计，思考以下问题。

1 这些书籍分别属于什么类型？这些封面设计的创意元素分别有什么？
2 你觉得在书籍装帧封面创意中，文字、图形、色彩、材质在整体设计中扮演着怎样的角色？

图片：课前讨论

知识分解

知识5.1 封面设计重点

设计师在进行封面设计时，需要综合考虑多个方面的设计要素，要了解封面设计重点，使整个封面看起来美观、统一、与书籍内容相符合，从而吸引读者的注意力，传达出书籍的主题和价值。

5.1.1 护封设计要点

护封属于广义上的封面，是一种保护封面的外壳，也是塑造封面美观度的一部分。在进行护封设计时，设计师需要注意以下几个方面。

● 护封的颜色和图像需要与书籍的主题相符合，护封的图像应该清晰而富有创意，能够直观地表达书籍的主题和内容。例如，一本讲述悬疑故事的书籍可以选择黑色、蓝色等冷色调，并加上一些具有神秘色彩的图像或符号，以突出书籍的悬疑主题，并吸引读者。

▲《我有一棵树》护封

图书护封采用“一棵树”作为主体形象，当读者摊开护封，可以发现偌大的树木躯干，仿佛亲切地拥抱整本书。护封纸张表面上带有温润的色泽与植物的纤维感，并搭配如树木枝条般的字体，处处细节都能看见树的身影。

● 整个护封的风格和配色需要协调一致，以确保整个封面看起来美观和统一。不同类型的书籍可能需要不同的风格和配色，但一定要确保与书籍内容相符合。例如，对于一本工具书，可以采用简单、大气的风格来突出其实用性，同时配色要清爽醒目，可以某种纯色为主，再搭配其他色彩进行点缀。

● 在护封上应该明确标注书名、作者、出版社等信息，尽可能将这些信息融入护封设计，避免独占一块位置而显得突兀、不协调。在排版上，应该让书名、作者、出版社等信息清晰易读，并且要让文字与护封图像相协调。在字体的选择上，要选择适合主题的字体，并且要注意字体的大小、粗细等细节问题。

● 在制作护封时，需要注意护封的质量。护封应选用具有高质量、防水、防污等特性的材料，防止书籍受到外界环境的影响而损毁，使书籍的保存时间更加长久。

5.1.2 封面设计要点

这里的封面主要是指书籍正封，好的封面设计应该能吸引读者的注意力，并且能清晰地传达出书籍的主题和内容。为此，设计师需要注意以下几个方面。

扫一扫

5.1.2 封面设计要点

● 在封面上的显眼位置突出书名、作者等信息，展示效果要清晰，布局要合理，字体大小适中，字体风格要与书籍主题相符合，从而使读者能够快速准确地了解书籍的基本情况，增强书籍的可信度。

● 书籍装帧封面设计的图像及色彩必须与书的主题相匹配，为读者呈现出书的主题特色。在把握主题元素上，不同类型的书籍需要有不同的表现方法和设计风格。例如，一本动物百科全书可以通过采用动物图像和多种鲜艳的色彩呈现动物特征；一本历史类图书可以选用较为柔和的颜色，搭配传统元素的图像。

● 要注意文字和图像的协调，以及留白设计，避免过度拥挤或者缺乏平衡的封面视觉效果。

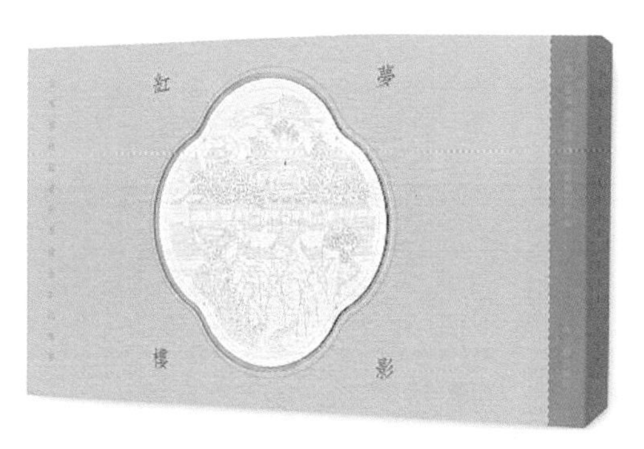

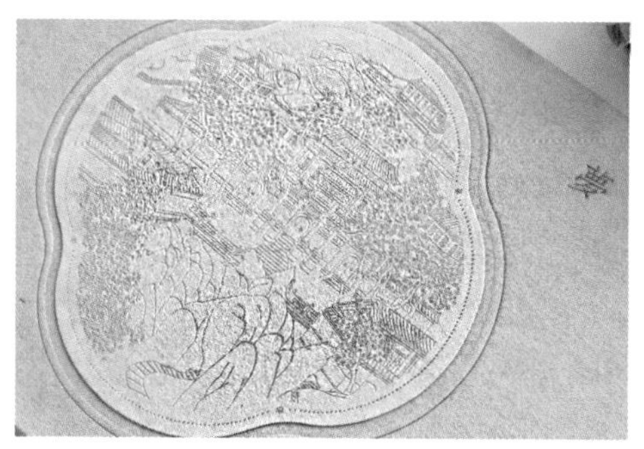

▲《梦影红楼》封面/设计：潘焰荣

图书封面主色为宋代青瓷的“青”色，青色安静内敛，富有韵味，在这里更体现出一丝淡淡的哀伤。窗花及书名采用粉色，烘托出青春的氛围。窗花是“大观园”线描图，结合压凹、烫印、模切等工艺，线条勾勒细致，大观园中的一草一木、一山一石、一亭一台都栩栩如生。“梦”“影”“红”“楼”4个字分布在窗花的四角，简洁利落，让封面整体的视觉效果非常雅致。

名家品读

潘焰荣

潘焰荣，我国著名书籍设计师，AGI 国际平面设计联盟成员，中国出版协会书籍设计艺术工作委员会委员，南京平面设计师联盟理事。潘焰荣多次获得国内、国际设计大奖，曾获得 2018 年德国莱比锡“世界最美的书”奖，近十年来多次获“中国最美的书”奖，代表作品有《桃花坞新年画六十年》《来自洪卫的礼物》《茶典》《飞鸟集》《书之极》《观照——栖居的哲学》《节气的情绪》《梦影红楼》等。

扫一扫

图片：潘焰荣作品赏析

5.1.3 封面与书脊、封底、勒口的协调

封面（正封）、封底、书脊、勒口是构成整个书籍封面的4个部分，只有使这4个部分在整体上达到视觉平衡，才能够在外观方面吸引读者，并清晰地传达出书籍的主题和内容。因此，它们之间的协调关系非常重要，在设计时需注意以下要点。

- 在进行封面、书脊、封底、勒口设计时，需要考虑整个书籍的风格和定位，保持风格的一致性，可以通过采用相同或相似的图像、配色来确保整个封面能够形成统一的视觉风格。
- 在文字设计方面，除了重复性展示的书名、作者、出版社信息等内容，其他文字信息尽量能相互配合，选用合适的词汇和语句来传达出图书的意义和内涵，以便让读者从多个方面了解图书内容。
- 信息排版上需要协调一致，如将图书名称、作者、出版社等信息统一置于固定位置，或统一为某种字体、颜色。
- 每个部分的尺寸比例应协调，需要根据篇幅先确定比例适当的开本与书脊宽度，进而根据内容需求来规划勒口尺寸，以确保整个封面看起来平衡和谐。

◀《这十年》
（中国国家博物馆、中国广播影视出版社）
封底、书脊、正封比例协调，共同构成一幅展现中国十年发展的插画，统一性极强。书名、图书介绍均竖向排版，且均为红色；横向排版的文字均为黑色。正封中红色比重最大的书名文字与封底大面积的红色在颜色、内容等方面达到了呼应的效果，增强了整个封面的统一性。

技能练习

1. 通过网络搜集书籍装帧封面设计作品，或前往书店、图书馆挑选，选择一个你认为最有创意的书籍装帧封面设计作品，分析其封面每个部分的设计方法，锻炼资料搜集能力，并提升分析与鉴赏能力。

2. 选择一个书籍装帧封面设计作品作为参考，深入了解该书主题与内涵，然后重新设计该书封面，使封面整体设计相协调，具有独特的创意。

知识5.2 封面设计形式

在保证内容有意义的基础上，封面可以通过新颖的形式带给读者全新的视觉感受。设计师在选择封面表现形式时，要做到为内容服务、切题、有感染力。不同的封面设计形式可以带来不同的视觉效果，常见的有直表型、构成型、添加型和综合表现型这4种封面设计形式。

5.2.1 直表型

直表型的封面只展示书籍的关键信息，即直接展现书名、著作者名、出版社信息等文字，一般使用纯色纸张，印刷1～2种色彩，常用于教材、学术专著类书籍。这类封面的特点是明确、简洁，能够迅速传递信息，使读者在短时间内了解书籍的关键信息。在设计方面，直表型的封面可以采用清晰明了的字体和色彩来突出重点信息，注意文字编排要清晰美观，视觉效果要简洁干净。

▲ 直表型封面

5.2.2 构成型

构成型的封面往往使用简单的图形来点缀，或将封面文字、图形排列成有规律的版式，适用于注重形式感的文艺类书籍、设计类书籍、心理学类书籍等。这种设计强调整体构图，通过组合色彩、图形、文字等设计要素创造出美感。在构成型的封面设计中，设计师需要注意构图的合理性，以及不同元素之间的协调性。

▲ 构成型封面

▲《离骚》书籍装帧/设计：刘晓翔

本书为中国浪漫主义诗歌代表人物屈原的作品总集，充满了优美浪漫的意境，曾获2012年“中国最美的书”奖项。

《离骚》封面由水波纹构成背景，结合独特的书名字体，形式感强且与主题搭配巧妙。文字编排方面，将书籍介绍文字排列在水波纹之间，仿佛文字在水中漂浮，若隐若现，彰显了滚滚江水伴忠魂的意境。

名家品读

刘晓翔

刘晓翔是我国著名书籍设计师，国际平面设计联盟（AGI）成员、中国出版协会书籍设计艺术工作委员会主任。刘晓翔专注书籍设计二十年，作品题材及类型跨度极广，海内外获奖众多，2005—2017年多次获得“中国最美的书”奖项，2010年、2012年、2014年三度获德国莱比锡“世界最美的书”荣誉奖。其代表作有：《由一个字到一本书 汉字排版》《11×16 XXL Studio》《改变阅读的设计》《北京的城墙和城门》等。

扫一扫

图片：刘晓翔作品赏析

5.2.3 添加型

添加型的封面使用了一些附加元素来增加艺术感和吸引力，包括使用反映内容要点的图像（插画或摄影作品）与书籍相关的简要说明文字，以突出书籍的特点和卖点，常用于文学小说、诗集、传记以及休闲娱乐类书籍。这种设计既能够突出重点信息，又能够增强艺术感和吸引力。在添加型封面设计中，设计师需要重点注意所添加元素的数量和位置，避免显得过于杂乱。

▲ 添加型封面

【案例设计】——《花间集》封面设计

扫一扫

5.2.3 《花间集》封面设计

1. 案例背景

《花间集》是我国第一部文人词总集，后蜀赵崇祚编，被人称作中国词史上的里程碑，收录了唐至五代兼具文学价值与美学价值的500首词作品，将中国词作品由“俗”往“雅”的方向引导。《花间集》内容包括男女情思、闺阁生活、宫闱愁怨、合欢离恨、史事古迹、风物人情、边塞旧事、山水花鸟等多元化题材，词风浓艳华美，辞采精巧，描写细腻，韵律谐婉。现某出版社准备重新出版本书，需要设计师设计一版符合本书风格的封面，要求尺寸为185mm×260mm，能体现该书中作品的主要韵味，具有艺术感，能突出书名等重点信息，视觉效果古典、秀丽，能营造出雅致的意境。

2. 设计思路

本例可采用添加型封面设计形式来增添封面的艺术感，使用与“花”相关的图像来切合书名，搭配红色、蓝色、金色塑造出古典风格，再添加一些精致的肌理、穗子素材图像，既能丰富画面的美观性，又能增添封面的灵动感。

3. 操作提示

其具体操作如下。

（1）制作背景。启动Photoshop 2022，新建名称为“《花间集》封面”、宽度为“191mm”、高度为“266mm”、分辨率为“300像素/英寸”、颜色模式为“CMYK颜色”的文件，再运用参考线在画面上下左右边缘各设置3mm的出血区域。置入“质感背景.jpg”素材（配套资源\素材\项目5\质感背景.jpg），使其填充整个画面。

（2）划分版面。选择“矩形工具”，在工具属性栏中设置填充为“C100,M89,Y16,K0”，描边为“C26,M36,Y74,K0”，描边宽度为“24像素”，在版面右侧合适位置绘制一个长方形，作为文字背景。

（3）制作投影。选择矩形图层，选择【图层】/【图层样式】/【投影】命令，打开“图层样式”对话框，设置混合模式、投影颜色、不透明度、角度、距离、扩展、大小分别为“正片叠底”“C93,M88,Y89,K80”“40”“120”“0”“30”“140”，单击选中“使用全局光”复选框，然后单击 确定 按钮，查看投影效果。

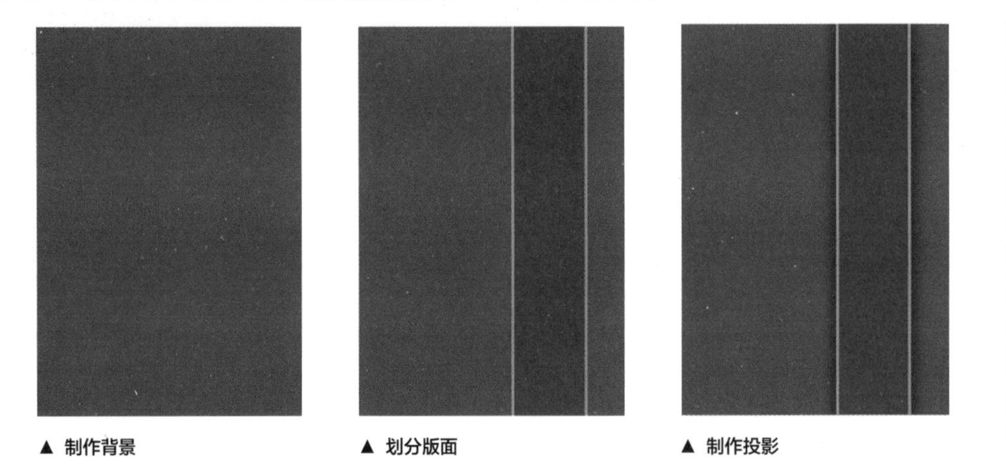

▲ 制作背景　▲ 划分版面　▲ 制作投影

（4）添加花朵图像。打开“花朵.psd”素材（配套资源\素材\项目5\花朵.psd），将其中所有内容拖入封面中进行布局，并将所有花朵图像创建为“质感背景”图层的剪贴蒙版。

（5）添加肌理图像。为了让文字背景更有质感，可以置入“树叶肌理.ai”素材（配套资源\素材\项目5\树叶肌理.ai），将树叶肌理图像创建为矩形的剪贴蒙版。然后运用“颜色叠加”图层样式为其叠加“C24,M35,Y73,K0”色彩，使整体更具古典韵味。

（6）绘制正圆。选择“椭圆工具”，在工具属性栏中设置填充为“C100,M89,Y16,K0”，描边为“C23,M35,Y73,K0”，描边宽度为“8像素”，在文字背景中绘制3个正圆，用于放置书名文字。

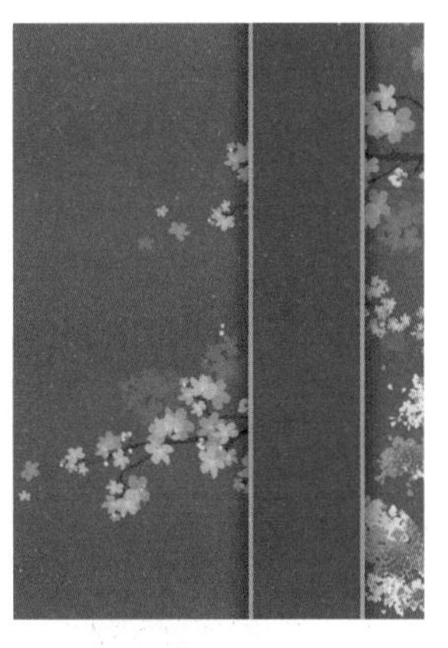
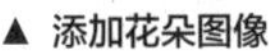
▲ 添加花朵图像

▲ 添加肌理图像

▲ 绘制正圆

（7）添加穗子图像。置入“穗子.png”素材（配套资源\素材\项目5\穗子.png），然后运用“颜色叠加”图层样式为其叠加“C24,M35,Y73,K0”色彩，使色彩搭配统一和谐。

（8）输入封面文字。使用“直排文字工具”IT.输入书名、编者、出版社信息，设置字体分别为“方正硬笔楷书简体”“方正王献之小楷 简”，文字颜色均为“C24,M35,Y73,K0”，调整合适的字体大小、字距、位置。

（9）查看最终效果。盖印所有图层，为了便于直观地查看设计效果，可将效果运用到“书籍样机”文件中（配套资源\素材\项目5\书籍样机.psd），最后保存所有文件，将运用文件的名称设置为“《花间集》封面应用效果”（配套资源\效果\项目5\《花间集》封面.psd、《花间集》封面应用效果.psd）。

▲ 添加穗子图像

▲ 输入封面文字

▲ 查看最终效果

5.2.4 综合表现型

综合表现型的封面全面地运用文字、图像、图形、色彩、构图等设计要素，并混合不同的设计元素以达到更具视觉感染力、更具创意的效果，适用范围较广。这种设计形式融合直表型、构成型和添加型的优点，能更完整地展现书籍更多内容，让读者通过封面就能充分了解书中的内容，其视觉表现力往往让读者回味无穷。设计师应用该形式时，需要注意各设计元素之间的协调性和平衡性，突出书籍的主题和特点，并使整体看起来美观大方。

▲ 综合表现型封面

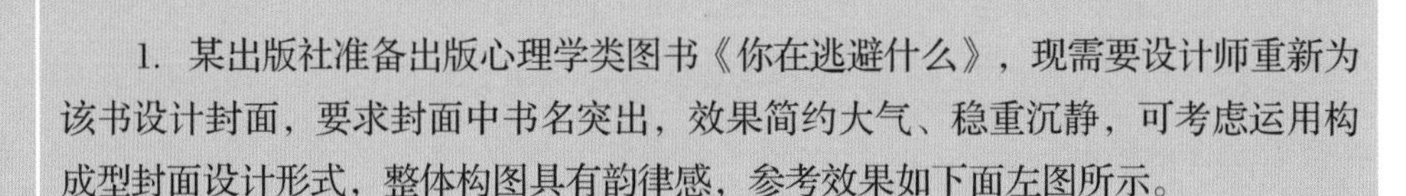

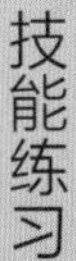

技能练习

1. 某出版社准备出版心理学类图书《你在逃避什么》，现需要设计师重新为该书设计封面，要求封面中书名突出，效果简约大气、稳重沉静，可考虑运用构成型封面设计形式，整体构图具有韵律感，参考效果如下面左图所示。

2. 某出版社准备出版一本设计类工具书，书名为《Photoshop CS6平面设计基础教程》，该书具有案例、配套教学视频、实训和练习丰富，教学资源齐全，结构清晰明了等特点。现请设计师运用综合表现型封面设计形式，根据以上内容设计该书封面，要具有设计感，版面美观，条理清晰，充分体现该书特点，参考效果如下面右图所示。

▲《你在逃避什么》封面

▲《Photoshop CS6平面设计基础教程》封面

知识5.3 封面创意思维方式

一个设计精美、独具匠心的封面非常重要，它能有效吸引读者视线，引起读者的好奇心，进而激发读者的阅读兴趣。然而，要想创作出这样的封面并不容易，这需要设计师运用富有创意的思维方式，并善于从不同的角度去思考和创新，再将所得的灵感融入设计中。

5.3.1 想象

想象能够帮助设计师发散思维、产生灵感，而灵感可以说是构思的基础，是以主题知觉为中心发散思维的产物。设计师通过理解书籍，基于素材、经验和知识积累，产生想象，将书籍内容中的重点和精髓转化为视觉元素，并将其运用到封面设计中，从而让封面设计更加富有创造力和新意。设计师可以从书籍内容的主题、情节、人物和场景等方面入手，通过分析和理解书籍的内容，将其转化为符号、形象或其他视觉元素，使封面设计能够更好地表现书籍的内涵和主旨。

◀《好好过节：传统节日践家风》封面
该书将家风建设与中国传统节日结合，以家族故事为基石，弘扬传统文化和优秀家风，因此设计师以橙红色为封面主色，奠定喜庆的基调，并选取灯笼、吊旗等节日元素来营造节日氛围，封面主体是盛装打扮的一家人正在逛节日街市的场景，与书的主题呼应，令读者兴趣盎然。

分享·感悟

中华文化源远流长，家文化是中华文化的精髓之一，更是中华民族自尊、自立、自省、自强的立国精神之一。从家庭到家族、国家，中国人以“家”为情感纽带，从而安身立命、建设社会、治理国家、造福天下、世代传承。“参天之木，必有其根”，家文化的传承需要全民族人民的共同努力，在日常生活中，我们要厚植文化自信，传承优秀的家文化，并在此基础上不断注入新时代的内涵，为推动家文化的创新发展贡献我们的力量，助力国民蕴养优良家风。

5.3.2 象征

象征是一种非常精妙的思维方式，即运用具象的图形图像来表达抽象的概念或意境，或运用抽象的图形图像来表现具体的事物。这种方式更容易被读者所接受，从而让读者更加深入理解书籍的内涵。设计师可以通过分析书籍内容中涉及的抽象概念或主题，将其转化为具体的符号或形象；或利用具体形象的属性与特征来间接性地表达书籍的内容和性质，通过封面视觉效果引发读者深入思考，使读者通过丰富的想象力去填补、联想，体会书籍封面的“言有尽而意无穷”。

▲《重塑课堂生命力》封面
该书封面以人物浇灌幼苗、幼苗茁壮成长，以及展翅飞翔的鸽子来象征生命力的旺盛。此外，背景色采用的绿色是大自然的颜色之一，也蕴含着生机之意。

▲《分手心理学》封面
该书封面以红色爱心象征人的内心，以爱心上的裂痕暗示情感破裂、分手，以爱心右下角的人物、药箱和爱心上的创可贴来象征本书内容的治愈性，从心理学的角度来开解有过爱情创伤的人。

▲《心理韧性》封面
该书封面以植物朝天空勇敢向上成长，最终绽放出美丽的花朵的图像来象征坚韧不拔的精神，符合书籍主题，并以植物枝干弯曲的柔韧性来体现书名中的韧劲。

5.3.3 舍弃

在构思封面的过程中，往往“叠加容易，舍弃难”，设计师会积累许多设计元素，但这些设计元素不一定都要体现到封面设计上。为了使封面的视觉效果更加精练，设计师需要“多做减法，少做加法”，舍弃那些不重要、可有可无的形象与细节，从而使封面设计更加简洁、凝练，同时也更容易被读者所接受。设计师可以通过反复推敲和审视封面设计中所涉及的元素，区分出哪些元素是必需的，哪些元素是可以被舍弃的，从而实现封面设计过程中的去粗取精。

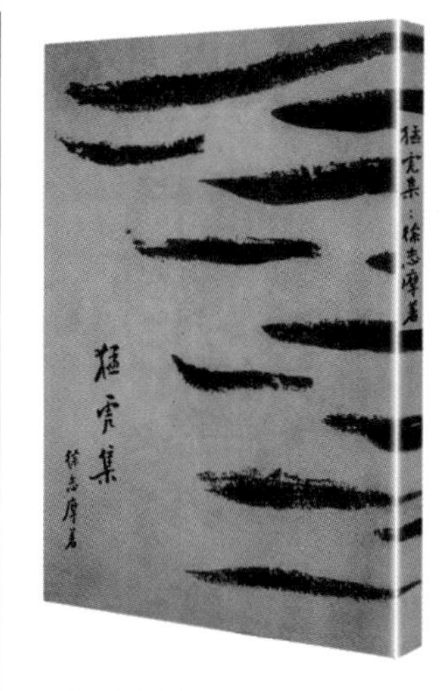

▲《猛虎集》封面
设计师将中国传统笔墨表现手法与现代风格相融合，以深赭黄色为底，运用浓墨勾勒出苍劲有力的写意横线，形似虎纹，指代猛虎形象。设计师没有直接将整个猛虎形象展现在封面中，而是通过舍弃，仅取其代表元素——虎纹，以小见大，展现出猛虎凶猛威严的气势，画面简洁而又极具震撼力。

5.3.4 探索创新

探索创新是一种非常积极进取的思维方式，需要设计师避免使用流行的形式、常用的手法、俗套的语言、常见的构图及一些习惯性技巧等，从而创造出新颖、别致的封面。此外，为了更好地提升和多元化发展设计能力，设计师可以走出舒适区，以孜孜不倦的探索精神，尝试一些新的思维方式，采用不同的设计元素，或者突破传统的设计思路，提高封面设计的新鲜感，从而实现封面设计的创新和个性化。

◀▲《豆腐》/设计：朱赢椿
该书被评选为2022年度“中国最美的书”。封面采用浮雕起鼓工艺，模拟豆腐表面纱布纹理的粗糙质感，从装帧上还原豆腐样貌，高度仿真，匠心独具。设计师独特的封面创意让封面既赏心悦目，又显得好玩、好看、好吃。封面整体设计以简约清淡、质朴无华为主，仿若豆腐，贴合本书风格。

技能练习

1. 通过网络搜集知名的书籍装帧设计图片，或前往书店、图书馆挑选，选择至少5个具有探索创新意义的书籍装帧封面设计案例，分析其创意，拓宽设计视野，思考未来书籍装帧设计创意趋势。

2.《三体》是刘慈欣创作的长篇科幻系列小说，曾获第73届雨果奖最佳长篇小说奖，这也是首次获得该奖的亚洲作品。《三体》还被列入“新中国70年70部长篇小说典藏”，以及“《教育部基础教育课程教材发展中心 中小学生阅读指导目录（2020年版）》高中段文学阅读”中。现请为《三体》重新设计书籍封面，要求运用想象、象征的思维方式进行构思，设计师可以上网搜索各国不同版本的《三体》封面并进行参考，以获取更多灵感，《三体》中文版封面参考效果如下图所示。

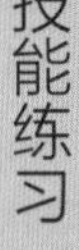

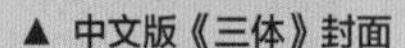

▲ 中文版《三体》封面

知识5.4 封面创意表现方法

设计师在进行封面的创意构思时，可以基于封面的文字、图形、色彩及材料等元素展开，通过对这些元素的巧妙设计，体现出本书内容的独特性、风格特点，将读者带入本书的氛围中。

5.4.1 基于文字进行创意

在封面设计中，文字元素是最基础的视觉元素之一，每一本书的封面设计中至少需体现出书名，然后添加著作者信息、出版社信息以及宣传文字。在这些文字中，突出醒目的书名能使图书信息有效传播，创意独特的书名还能使读者留下深刻印象。设计师在设计书名文字时，可以减少使用常见的字体样式，以书籍内容为灵感展开充分的想象，重新设计书名文字的外形，如将文字图形化、三维化等来展现出书籍的主题、类型、风格等。此外，设计师还可以塑造文字与背景的正负空间，形成互补的动态视觉张力。在文字创意过程中，设计师要注意既要保证文字的辨识度，又要兼顾文字的美感。

▲《流水账》/设计：王志弘

设计师以书名为灵感进行具象化设计，通过将“流水账”写在纸上，趁文字没干之前用水冲洗掉部分字迹，形成文字经受流水冲洗后剥落的视觉效果。

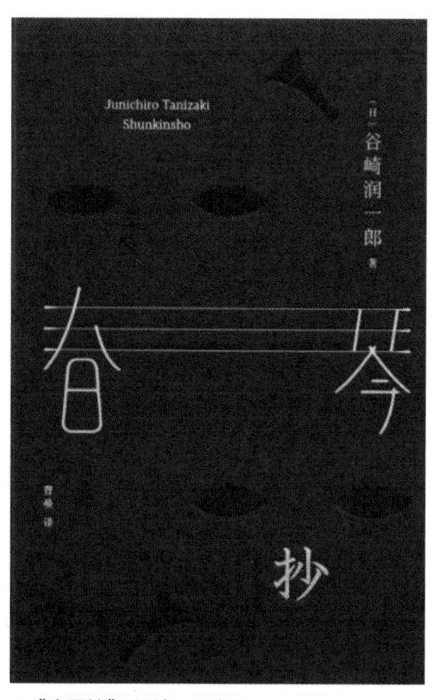

▲《春琴抄》/设计：王志弘

设计师以“琴”为灵感，将琴弦运用于书名文字字体的设计中，既起到了连接文字的效果，又在视觉上强调了“琴”的概念，使读者印象深刻。

【案例设计】——《Illustrator CC——平面设计核心技能修炼》封面设计

1. 案例背景

某出版社发行的《Illustrator CC——平面设计核心技能修炼》在市场上十分畅销，该书主要讲解与Adobe Illustrator CC软件相关的平面设计核心技能。该出版社准备在新的一年对本书进行修订改版，增加全新的设计案例和慕课视频等内容，现需要设计师为其制作具有创意的封面，尺寸为210mm×297mm，要求在视觉上具有立体感和层次感。

扫一扫

5.4.1 《Illustrator CC——平面设计核心技能修炼》封面设计

2. 设计思路

由于本书书名是《Illustrator CC——平面设计核心技能修炼》，且主要内容围绕

Adobe Illustrator CC软件展开，因此设计师可针对该软件的名称进行创意设计，但考虑到该软件的英文字母较多，易造成版面空间拥挤，因此可以针对其缩写“Ai”来构思。由于该软件具有制作三维效果的特色功能，在设计时可选择具有科幻色彩的背景图像，再为“Ai”文字制作立体效果，既能体现软件的功能特色，又能满足出版社的要求。

3. 操作提示

其具体操作如下。

（1）添加背景素材。启动Illustrator 2022，新建文件，宽度为“185mm”，高度为“260mm”，颜色模式为“CMYK颜色”，设置上下左右出血均为“3mm”，打开“空间背景.png”素材（配套资源\素材\项目5\空间背景.png），将素材拖入文件中，调整素材的大小与位置，使素材与画板对齐。

（2）输入“A”。使用“文字工具”T.在封面中输入“A”，设置字体为“汉仪方叠体简”，字体大小为“320 pt”，填色为“C0,M0,Y0,K0”。

（3）添加文字效果。选中“A”，选择【效果】/【3D和材质】/【凸出和斜角】命令，打开“3D和材质”面板，设置深度为“0 px”，在“预设”下拉列表中选择“等角-下方”选项，文字将产生三维透视效果。

（4）描边文字。按【Shift+Ctrl+O】组合键将文字创建为轮廓，在“属性”面板中设置填充为“无”，描边颜色为“黑色”，描边粗细为“5 pt”，完成后调整文字的位置。

（5）为中间的文字设置渐变颜色。选中“A”文字，按住【Alt】键不放并向上拖动复制2个“A”，选择中间的文字，打开“渐变”面板，设置渐变颜色为“C60,M7,Y18,K0～C96,M84,Y10,K0”。

（6）为上方的文字设置渐变颜色。选择最上方的文字，打开“渐变”面板，设置渐变颜色为“C60,M7,Y18,K0～C14,M7,Y85,K0”。

▲ 添加背景素材

▲ 输入“A”

▲ 添加文字效果

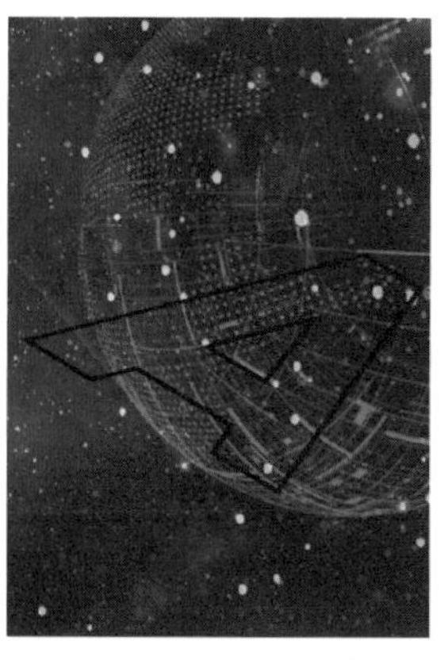

▲ 描边文字

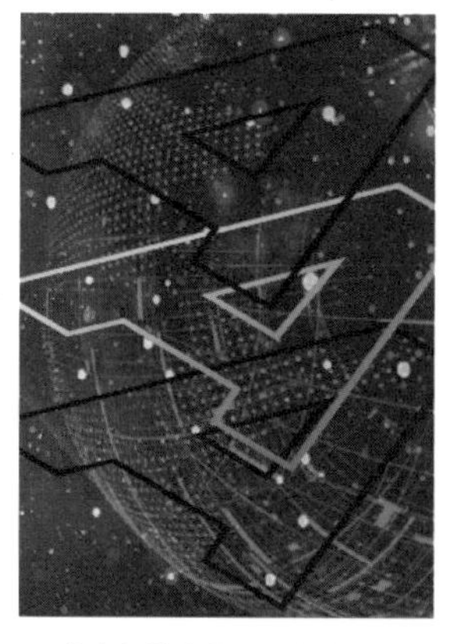

▲ 为中间的文字设置渐变颜色

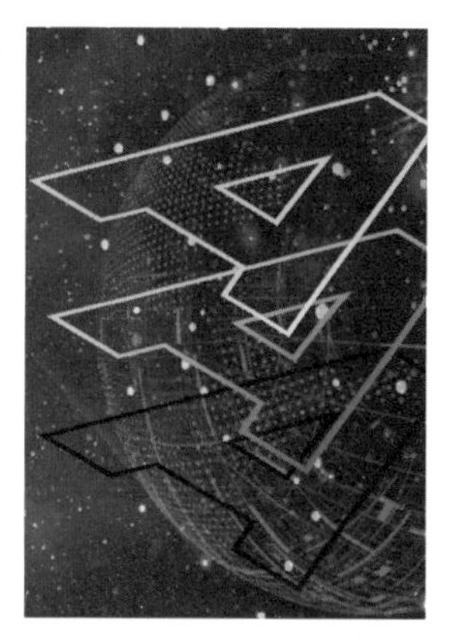

▲ 为上方的文字设置渐变颜色

（7）混合文字。按住【Shift】键不放，依次选择底部的文字和中间的文字，在工具箱中双击“混合工具”，打开“混合选项”对话框，设置间距为“指定的步数”，在新出现的数值框中输入“20”，单击 确定 按钮，然后在文字任意两个端点处依次单击，创建文字的混合效果。（若无法创建混合效果，选择【视图】/【像素预览】命令。）

（8）混合并放大文字。选择中间的文字和上方的文字，使用步骤（7）的方法为其创建混合效果。由于此时文字较小，为了让文字更具有表现力，可将文字放大。

（9）输入“i”。为了使“i”与“A”的倾斜方向一致，可依据“A”底边的透视角度，沿其底边绘制一条参考线。选择“文字工具”T.，沿着斜线输入“i”，设置字体为“汉仪方叠体简”，字体大小为“300 pt”，填色为“C0,M0, Y0,K0”。

（10）设置“i”的3D效果。选择【效果】/【3D和材质】/【凸出和斜角】命令，打开“3D和材质”面板，设置深度为“0 px”，指定绕x轴旋转、绕y轴旋转、绕z轴旋转的度数分别为“18°”“46°”“-25°”。

▲ 混合文字

▲ 混合并放大文字

▲ 输入“i”

（11）设置“i”的渐变颜色。选择“i”文字，并对文字创建轮廓，设置填充为“无”。分别复制3个相同大小的文字，修改底层文字的渐变颜色为“C34,M27,Y25,K0～C78,M82,Y83,K67”，中间文字的渐变颜色为“C81,M62,Y7,K0～C100,M98,Y25,K0”，最上方文字的渐变颜色为“C58,M0,Y15,K0～C10,M4,Y87,K0”。

（12）创建混合效果。删除步骤（9）绘制的斜线，按住【Shift】键不放，依次选择“i”底层的文字和中间的文字，双击“混合工具”，在打开的“混合选项”对话框中保持默认设置不变，单击确定按钮。再依次单击文字任意两个端点，创建文字的混合效果，然后使用相同的方法对上方文字和中间文字创建混合效果。

（13）输入介绍文字。选择“矩形工具”，在右上角绘制尺寸为“16mm×16mm”的矩形，设置填色为“C7,M3,Y86,K0”，描边为“无”，然后使用文字工具组中的工具输入图书介绍文字，并设置字体为“方正粗圆简体”，调整文字的字体、大小、位置和填色。

▲ 设置“i”的渐变颜色

▲ 创建混合效果

▲ 输入介绍文字

（14）绘制矩形并设置不透明度。选择“矩形工具”，在底部绘制尺寸为“210mm×80mm”的矩形，设置填色为“C7,M3,Y86,K0”，描边为“无”，打开“透明度”面板，设置不透明度为“90%”。

（15）在矩形中输入文字内容。选择“文字工具”T，设置字体为“汉仪方叠体简”，输入横排文字内容。选择“直排文字工具”IT，设置字体为“方正粗圆简体”，输入直排文字内容，然后调整文字的字体、大小、位置和填色。

（16）绘制矩形。选择“矩形工具”，在“全彩慕课版”文字下层绘制尺寸为“15mm×45mm”的矩形，设置填色为“C75,M26,Y0,K0”，描边为“无”。

▲ 在矩形中输入文字内容

▲ 绘制矩形

（17）查看最终效果。选择“矩形工具”，框选整个画板，选择整个效果，创建剪贴蒙版以隐藏画板外的图像，再查看整个封面效果。为了便于直观地查看设计效果，可将效果运用到“书籍封面样机”文件中（配套资源\素材\项目5\书籍封面样机.psd），最后保存所有文件，并设置运用效果的文件名称（配套资源\效果\项目5\《Illustrator CC——平面设计核心技能修炼》封面.ai、《Illustrator CC——平面设计核心技能修炼》封面应用效果.psd）。

▲ 查看最终效果

5.4.2 基于图形进行创意

在封面设计中加入与书籍主题相关的图形元素，不仅可以传递出书籍的主题和重点信息，还能营造出强烈的视觉冲击，使读者与书籍封面进行深入的交流。添加的封面图形需要与书籍主题相符合，突出书籍特点，不要过于复杂和花哨，以便于读者快速理解。例如，对于小说类书籍，人物形象、场景图等图形是常用的图形元素；而对于科技、商业类的书籍，则可以通过使用流程图、数据图表等图形来展现冷静、理性的书籍特点。

图形创意手法包括写实、写意和概括3类。其中，写实手法多用于通俗读物，可以通过具象的图形帮助读者更深入地理解内容；写意手法则多用于文艺类书籍，以委婉含蓄的方式表达书中的情感；抽象手法也称为概括手法，常用于科技或自然类书籍，通过图形表达那些难以用语言描述的抽象内容。

◄《CPU通识课》封面
设计师以现实生活中的CPU芯片为灵感进行图形创意设计，将芯片中的凹槽和纹路延伸为树干和树枝，将芯片中的圆点塑造为果实，生动形象地强调了本书的主题，令读者印象深刻。

《高效24小时》封面 ►
封面图形以时钟为外形，场景包含主角在工作和生活中的两种状态，主角在这两种状态中使用6只手处理事务，夸张地展示了主角高效的时间管理能力，呼应了封面中的文字，这种生动、夸张的图形设计也加深了读者对该书的印象。

◄《如何欣赏电影》《如何聆听爵士乐》封面
设计：王志弘
设计师在《如何欣赏电影》封面中，透过几何图形传达出放映的概念，呼应电影观赏的主题，简单且巧妙。《如何聆听爵士乐》封面也采用了同样风格的图形，展现出常用的乐器，呼应该书的主题。

5.4.3　基于色彩进行创意

色彩有着独特的心理暗示和认知作用，可以直接影响读者的情感和态度。在装帧封面设计中，设计师可以通过巧妙地运用色彩来营造出书籍的情感、氛围和主题。搭配和运用不同色相，可以传递不同的情感和意义，对于理论著作，适合使用平和的色彩来渲染厚重的情感；而在儿童书籍中，应采用艳丽、活跃的色彩制造吸引力；对于流行小说，则应采用流行色以迎合市场。总之，不同书籍的内容和目标读者群体都会影响到封面色彩的运用。因此，在进行封面设计时，根据书籍的内容和读者群体来选择匹配的色彩是至关重要的。

▲ “流金文丛”丛书封面/设计：潘焰荣
该丛书的封面采用色块构成对称型版式，每本书都运用了一组对比色来增强视觉冲击力，很好地吸引了读者注意，并有效强调了色块上的文字。不同色块的对比又为封面增添了浓墨重彩又大气的感觉，彰显了丛书所涉及的知名作家的风采。

5.4.4 基于材料进行创意

从书籍的实体呈现来看，书籍封面包含两个层面的内容：一是由文字、图形、色彩构成的艺术性层面，二是由印刷工艺和纸张质地构成的材质层面。材质是书籍封面品质的决定性因素，也是书籍封面实体化呈现的重要组成部分。设计师通过巧妙地运用不同的材料，可以为书籍赋予独特的质感和触感，如使用金属材料来制作庄重大方、高雅美观的高档书籍封面。在材料的创新选用方面，设计师可以选择基于现有印刷工艺进行艺术创作，或者根据创意理念和书籍内涵进行工艺革新，以使新的材质和印刷工艺更好地与书籍内容相匹配。

▲《北桥船拳》封面/设计：周晨
书籍封面的材质对它的整体氛围有着很大的影响，草席这一新颖的封面材料，给读者带来了截然不同的视觉体验，仿若草香扑面而来。这种材料的运用与书的内容相得益彰，提升了这本书的人文内涵和阅读温度。

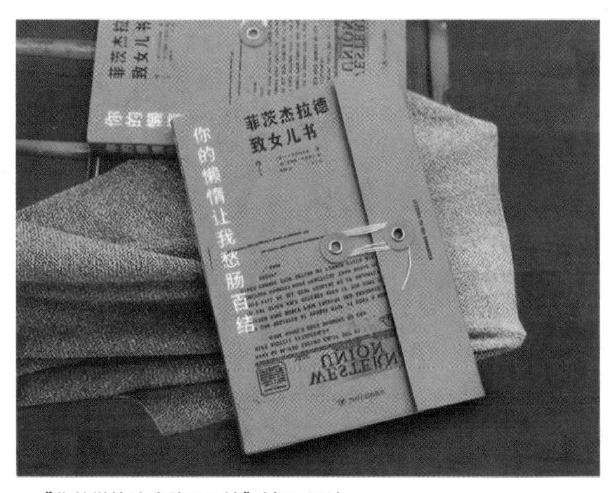

▲《你的懒惰让我愁肠百结》封面/设计：Yichen
这本书收录了菲茨杰拉德写给女儿书信的书，被设计师设计成了档案袋的形态，增添了阅读时的仪式感。当读者打开书时，就像在拆开作者的书信集，更能代入本书内容。

ART DESIGN

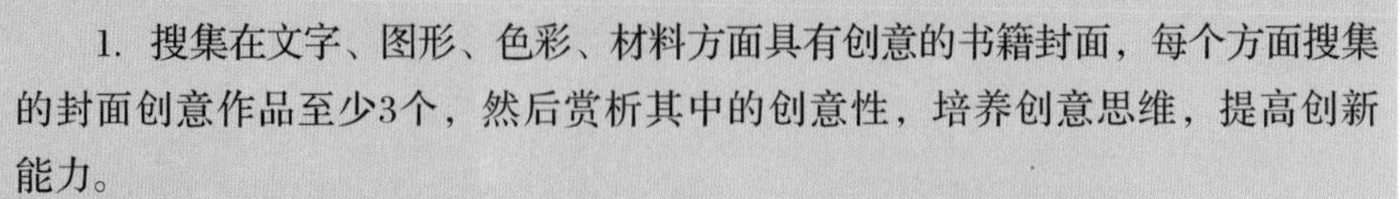

技能练习

1. 搜集在文字、图形、色彩、材料方面具有创意的书籍封面，每个方面搜集的封面创意作品至少3个，然后赏析其中的创意性，培养创意思维，提高创新能力。

2. 《寻绣记》讲述了一个裁缝眼里的世界，从裁缝寻找民间古老绣片的角度出发，以绣为线索讲述了形形色色的人和故事。该书的设计荣获2018年度“中国最美的书”荣誉，设计师对封面文字和材质进行了创新设计，如右图所示。其中，书名笔画用绣线替代，且绣线延伸的方向极具韵味；封面左侧大面积的红色部分采用手工剪裁的织物材料，和书名相呼应。现依据你的思考，重新设计该书的封面，要求在文字、图形、色彩、材料至少一方面具有创新性，且符合书籍的内容和风格。

▲《寻绣记》封面/设计：许天琪

任务实践

扫一扫

《手机短视频拍摄与剪辑》封面创意

《手机短视频拍摄与剪辑》封面创意

1. 任务背景

某出版社策划出版摄影类图书《手机短视频拍摄与剪辑》，旨在让喜爱手机摄影及短视频拍摄和制作的读者能够零基础入门并提高技术水平。该书主要讲解了手机与配件、拍摄设定与方法、美学基础、运镜、剪辑与特效、音频编辑、文字与字幕等知识，现需要设计师为该书设计封面，要求尺寸为185mm×260mm，在封面中能突显“手机”这一工具，充分展示本书的内容主题，封面信息的排列条理清晰，整体的视觉效果大气、稳重，具有创意。

2. 任务目标

（1）选择任意一种封面设计形式来制作。

（2）在设计过程中，适当运用封面创意思维方式。

（3）封面最终效果至少在文字、图形、色彩、材料任一方面具有创意。

3. 设计思路

由于本书与使用手机拍摄、剪辑相关，因此考虑将手机拍摄视频的界面体现在封面中，即制作手机图形及拍摄界面图标，让读者仿佛身临其境地使用手机拍摄短视频。并且本书为摄影类图书，目标读者非常看重摄影效果的美观性，因此可在封面中以美丽的风景摄影画面来吸引读者注意。为了实现封面信息排列的规整性，可采用对称式版面，并为不同的文字信息设置不同的字体、大小、间距、色彩。色彩搭配方面，为了衬托彩色的风景摄影画面，其他色彩可以无彩色为主，搭配中等纯度的蓝色，营造出大气、稳重的效果。

4. 任务实施

先使用计算机软件制作封面，然后将封面运用到书籍样机中查看立体效果。

（1）布局封面。启动Photoshop 2022，新建文件，运用参考线在画面上下左右边缘各设置3mm的出血区域。设置前景色为“C13,M10,Y10,K0”，按【Alt+Delete】组合键填充前景色，使用“矩形工具”□.在画面中央绘制3个不等高、等宽的矩形，设置填充分别为“C0,M0,Y0,K0”“C86,M51,Y24,K2”“C3,M3,Y3,K0”，描边为“无”。

（2）添加并调整风景素材。置入“风景.jpg”素材（配套资源\素材\项目5\风景.jpg），调整大小和位置，栅格化该图层，将其创建为顶部矩形的剪贴蒙版。为了使风景素材更加美观，可以使用“亮度/对比度”“色相/饱和度”“曲线”等命令为风景图像调色。

▲ 布局封面

▲ 添加并调整风景素材

（3）添加并调整手机框素材。置入“手机框.eps”素材（配套资源\素材\项目5\手机框.eps），调整大小和位置，将其放到画面中央，使用图层蒙版和“橡皮擦工具”

去除下方超出风景素材的多余手机框。

（4）应用“高斯模糊”滤镜。选择风景图层，选择【滤镜】/【转换为智能滤镜】命令，然后选择【滤镜】/【模糊】/【高斯模糊】命令，打开“高斯模糊”对话框，设置半径为“6”，单击确定按钮。

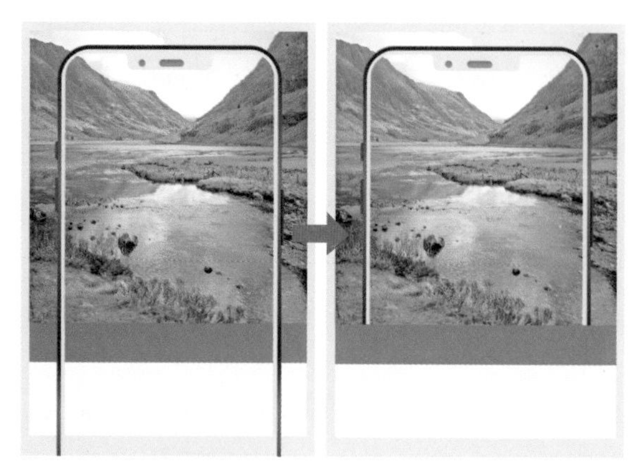

▲ 添加并调整手机框素材

▲ 应用“高斯模糊”滤镜

（5）为滤镜设置蒙版。单击选中“风景”图层中“智能滤镜”文字左侧的“智能滤镜蒙版缩览图”，选择“钢笔工具”，在工具属性栏中选择工具模式为“路径”，大致沿着手机框外轮廓与内轮廓之间绘制选区，然后单击工具属性栏中的选区...按钮，打开“建立选区”对话框，设置羽化半径为“0”，单击确定按钮。按【Shift+Ctrl+I】组合键反向建立选区，选中手机框内部的风景素材，然后按【Delete】键将“智能滤镜蒙版缩览图”中选区内部的蒙版变为黑色，此时仅手机框外的风景素材应用了“高斯模糊”滤镜，而手机框内的风景素材仍保持原本的清晰效果。

（6）添加拍摄界面图标。打开“界面图标.psd”素材（配套资源\素材\项目5\界面图标.psd），将文件中所有的内容拖入手机框内，调整大小和位置，模拟用手机拍摄短视频并对焦风景的场景。

▲ 为滤镜设置蒙版

▲ 添加拍摄界面图标

（7）输入书名。选择“横排文字工具”T.，在手机框内部的矩形上方输入“手机短视频拍摄与剪辑”文字，设置字体为“思源宋体 CN”，字体样式为“Heavy”，文字颜色均为“C0,M0,Y0,K0”，字体大小为“68点”，字距为“50”，行距为“76点”。运用“斜面和浮雕”“投影”图层样式来凸显书名文字效果。

（8）输入其他文字。为了突显本书特色并吸引读者，可以使用“横排文字工具”T.在中间矩形和底部矩形中输入本书特色文字，然后在封面底部背景处输入出版社信息，在风景素材的右上角输入编者信息，设置文字颜色分别为“C0,M0,Y0,K0”“C93,M88,Y89,K80”，调整文字的大小、位置、间距，并为中间矩形内的文字添加“内阴影”图层样式，为编者信息文字添加“投影”图层样式。

（9）查看最终效果。盖印所有图层，为了便于直观地查看设计效果，可将效果运用到“书籍封面样机”文件中（配套资源\素材\项目5\书籍封面样机.psd），最后保存所有文件，并重设运用效果文件的名称（配套资源\效果\项目5\《手机短视频拍摄与剪辑》封面.psd、《手机短视频拍摄与剪辑》封面应用效果.psd）。

▲ 查看最终效果

举一反三，为同系列书籍《手机摄影与后期修图》设计封面，要求效果具有创意，突出该书特色，且与《手机短视频拍摄与剪辑》封面的设计风格统一。

扫一扫

项目5图片：参考示例

知识拓展

封面中的“留白”美学

封面设计的精髓之一在于留白。在封面设计中预留适当的空白区域，可以缓解视觉疲劳，并突出重点。同时，丰富美观的设计元素和留白区域可以形成强烈对比，实虚相映，能让读者体会到节奏的变化和视觉上的美感。

▲
《民国趣读·闲情偶拾》系列书籍封面的留白设计，让封面整体具有干净、清爽的视觉效果，能带给读者简洁的视觉感受。同时，留白与设计元素之间的对比制造出了节奏感和韵律美。

设计师在运用留白时，需要注意留白区域与各个设计元素的呼应。如果留白面积过大，则会使封面设计显得单调乏味，因此需要掌握好平衡。留白需要根据封面要传达的信息、突出的元素等因素预留适当的空白面积。同时，在留白区域周围和中心可以添加各种小文字、小符号等元素的组合排列，还可以适当添加一些特殊标识，如出版社的社徽、设计工作室的标识等，这些设计元素通常造型简单、有个性，可对留白做重要补充。

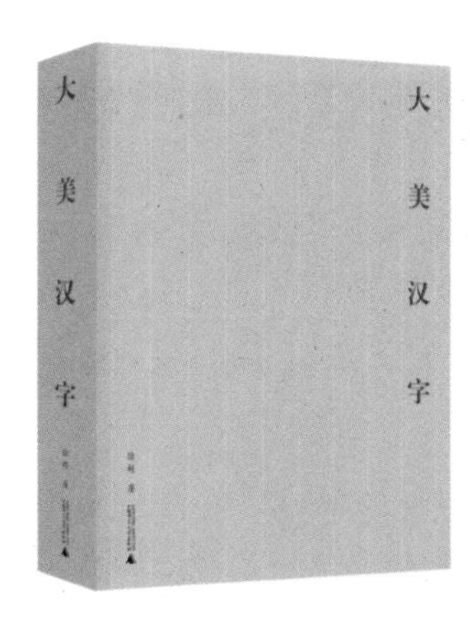

◀《大美汉字》封面/设计：周伟伟

《猴子捞月》封面/设计：张俊杰 ▶
在标题周围留白，比加大字体和加粗文字更容易突出标题，方便读者识别出重点，同时也带来一种视觉上的轻松感，以及意境上的空灵感。

如果需要在封面中装下更多的内容，可采用满版型版面，这可能会使封面显得呆板单调，但通过巧妙使用留白，可以增添封面的通透性和空间感，抵消呆板单调的视觉效果。总之，要想合理运用留白，需要设计师具备丰富的经验和敏锐的感知力，多多实践，并根据反馈及时调整和创新。

实践篇

06

项目6 科技类书籍——《科技改变中国》丛书装帧设计

一直以来，阅读科技类书籍都是人们获取专业知识和技能的重要途径，随着时代发展和科技不断变革，科技类书籍的内容也在不断更新。与此同时，科技类书籍的装帧设计形态和风格也在不断地发展变化。本项目将针对科技类书籍及其装帧设计相关知识深入剖析，展示科技类书籍的文化内涵和美学价值，并通过《科技改变中国》丛书装帧设计的实操案例，帮助设计师更好地掌握科技类书籍装帧设计的方法、程序与软件操作。

书籍装帧设计和插图创作，是一门从属性艺术，它从属于书。

——张守义

学习目标

1 了解科技类书籍的特点和装帧设计原则。

2 了解丛书装帧设计要求。

3 完成《科技改变中国》丛书装帧设计实践。

素养目标

1 通过科技类书籍装帧设计，感受科技发展与人类社会发展的密切关系，理解和欣赏科技文化内涵和美学价值。

2 注重专业知识的学习与实践，能够将所学知识应用于实际工作和生活中。

课前讨论

1 你认为科技类书籍装帧设计的风格应该是什么样的？请以你熟悉的某本科技类图书为例，具体分析其装帧设计效果。

2 请扫描右侧二维码，欣赏一些优秀的科技类书籍装帧设计图片，并分析每本书的设计特点和设计元素，谈一谈你对这些书籍装帧设计思路的理解。

图片：课前讨论

项目描述

中国工程院院士倪光南曾说："新中国成立七十周年，科技创新在其中发挥了巨大的作用，可以说科技创新是中国崛起的重要因素，也是中国崛起的重要力量。"为了响应时代主题，并引导读者积极向上，坚持科技自主创新，某出版社策划了一套以展示新中国科技发展成就、讲述自主创新故事、弘扬科学家精神为主题的丛书，包括《智联天下：移动通信改变中国》《巨龙飞腾：高铁改变中国》《绚丽变革：互联网改变中国》《智周万物：人工智能改变中国》《神州脉动：能源革命改变中国》《善数者成：大数据改变中国》，现需要设计师以其中一本书为例先设计出完整的装帧设计效果，再以相同的方法分别完成其他5本书的设计。

项目目标

为了更好地完成本项目，需要根据下方提供的书籍设计基本信息单进行规划、构思、设计和制作，最终设计出符合要求的书籍装帧设计作品。

<table>
<tr><td>书名</td><td colspan="3">《科技改变中国》丛书之一：《智联天下：移动通信改变中国》</td></tr>
<tr><td>作者署名</td><td>丛书总主编：倪光南
本书著作者：邵素宏　含光　周圣君</td><td>出版社</td><td>人民邮电出版社</td></tr>
<tr><td>开本尺寸</td><td>170mm×230mm</td><td>书脊厚度</td><td>15mm</td></tr>
<tr><td>设计内容</td><td colspan="3">①护封。
● 护封封面：须包含丛书名、丛书总主编、书名、著作者、出版社标准字体及标识，以及丛书获奖信息
● 护封书脊：须包含丛书名、书名、出版社名称
● 护封封底：须包含书籍内容简介、条形码、分类建议、出版社网址、丛书名
● 护封前勒口：须包含作者介绍
● 护封后勒口：须列出丛书名、丛书信息，以及装帧设计师署名
②腰封。须包含书籍关键信息、条形码、出版社标准字体及标识、分类建议、出版社网址
③扉页。须包含丛书名、书名、丛书总主编、著作者、出版社名称</td></tr>
<tr><td>设计要求</td><td colspan="3">丛书整体装帧设计风格统一，色彩搭配和谐、庄重，版面中的信息条理清晰，视觉效果美观、大气</td></tr>
</table>

知识准备

知识6.1 科技类书籍的特征

科技类书籍涵盖众多领域，如计算机、人工智能、生物材料、医学技术、电子通信等，与其他类型的书籍特征有较大区别。因此，设计师只有先全面了解科技类书籍的特征后，才能更有针对性地完成科技类书籍的装帧设计。

- 严谨性。科技类书籍以客观公正的编辑原则为基础，综合各家学术流派中为行业所公认或具有广泛共识的信息和观点，尽量保证客观公正，避免因一家之言或主观因素影响而偏向某一家，这样可以有效地提高读者获取信息的准确度。
- 专业性。科技类书籍的内容通常是基于某一领域的专业知识，并通过深入研究和实践操作得出的结论。因此，这些书籍中的文字、图表等内容都非常专业化，读者需要具有一定的背景知识才能正确理解。
- 实用性。科技类书籍通常旨在为读者提供各类实用的信息，使读者能够从中获得诸如解决问题、提高工作效率等方面的帮助，满足读者需求。
- 前沿性。科技类书籍通常涉及一些前沿技术和理念，反映行业发展的新技术、新趋势、新理念、新思维。此外，科技领域的发展非常迅速，新技术和新理论不断涌现，因此科技类书籍需要及时更新内容，以保持其前沿性的特征。
- 权威性。科技类书籍的作者必须具备深厚的专业知识和经验，能够提供准确可靠的信息和建议。科技类书籍还需要经过出版社的严格审核，以及相关领域专家的认证、审查和评价，确保书籍导向正确、科学有据。
- 密集性。科技类书籍中通常包含大量数据、图表和公式等内容，其信息密度很高，需要读者仔细阅读和理解每一页内容，才能真正掌握这些知识。

知识6.2 科技类书籍的装帧设计原则

在了解科技类书籍的特征后，设计师应遵守科技类书籍的装帧原则，再从书籍整体视觉效果入手，有针对性地设计科技类书籍。

▲ 科技类书籍装帧设计

● 具有高度概括的视觉形象。科技类书籍中的主题和概念可能比较抽象，需要设计师对此理解透彻并高度概括，将其转化为抽象或具象的图像，便于读者体会。

● 避免大众化和通俗化。科技类书籍的读者一般都具有相应的专业背景，因此这类书籍的装帧要针对目标读者的习惯、审美、需求和喜好去设计，避免与其他类书籍的设计同质化。

● 反映科技领域的特征。科技类书籍封面需要突出书名，色彩上要做到醒目美观，方便读者识别。设计师可以运用特殊的图案、颜色或字体来突出图书的特点和价值，以吸引读者。

● 艺术形式与科学内容相统一。科技类书籍装帧设计除了要符合审美和艺术性需求外，其本身科技内容的实用价值也需要进行突出。设计师可以在设计理念、工艺、材料、设计工具、设计技法等方面创新，突出书籍的科技感和前沿性。

● 确保书籍的功能性。为便于读者的检索、研究和使用，科技类书籍装帧设计应注重其功能性。为此，设计师可以采用清晰的章节标记、明确的目录、详细的图表说明等手段，方便读者快速获取信息，确保功能性。

知识6.3 丛书装帧设计要求

丛书是一种集合式的图书，是指由同一出版单位，为了某一特定用途，或针对特定的读者对象，或围绕同类主题，将多本书籍汇编在一个总的丛书名之下。同一套丛书中的每本书均可独立存在，可以编号或不编号；除了共同的丛书名以外，各书都有其独立的书名；

有整套丛书的编者，也有每本书各自的编著者，每本书可以是单一作者或多位作者合著。

设计师在进行丛书装帧设计时，应注意符合以下要求。

- 具有相关性和统一性。丛书的内容一般为连续或系列的图书，需要设计师对所有书籍进行整体的规划设计，包括统一的印刷材料、开本、版式、字体规范、设计风格、设计手法等，具有关联的色彩设计等，甚至还可以设计丛书标志。
- 在统一中寻求变化。丛书中的各本图书需要有所区别，以便读者能够区分和查阅所需图书。设计师可以根据不同的书名主题，在图形和色彩元素上稍作变化。
- 考虑设计的灵活性。丛书中每本书的内容都有区别，且丛书在不同阶段可能会有不同出版计划，因此设计师在构思丛书装帧的统一部分时，也需要考虑其灵活性，保证这种统一设计能适用于每本书，且在未来可以拓展丛书或者推出不同系列的扩展版。
- 整体收藏性。丛书的读者可能有收藏需求，因此设计师需考虑丛书整体的收藏性，运用特殊工艺、材料来设计较易保存、艺术价值高的封面，甚至还可以设计函套，使丛书整体更便于收藏、不易散落。丛书的函套一般要求材料坚固、结构扎实。

▲ ◀ **科技类丛书装帧设计**

从丛书封面可以看出该系列采用了相同的版式，文字、图形的位置都较为统一，每本书封面都运用了对比色配色，封面背景设计、图形设计手法也十分统一，整体美观性极强。

项目实施

本项目的实施主要包括规划丛书整体装帧、制作书籍装帧效果、展示丛书立体效果3个阶段。

1. 规划丛书整体装帧

《科技改变中国》丛书整体规划主要从风格、色彩、文字、图像、版式、内容6个方面进行。

- 风格构思。根据本套丛书的类型、主要内容和设计要求，本套丛书可采用简约、现代的设计风格，无须添加过多的装饰元素，以文字为主，图像为辅，使信息传达更直观，视觉效果大气。

- 色彩构思。本丛书共有6本，每本书的书名、主要内容、著作者不同，为了区分不同书籍，可采用6种不同的主色。但由于丛书要求风格统一，因此主色之间最好也有相关性，这里可以统一采用中纯度、中明度的色彩，如红色、橙色、绿色、蓝色、蓝紫色、紫红色，如右图所示，将这些颜色运用于每本书的标题和需要重点强调的位置。将黑色、白色、浅灰色运用于次要信息中，这样信息突出、直观、易识别，且色彩效果既稳重，又有亮点。

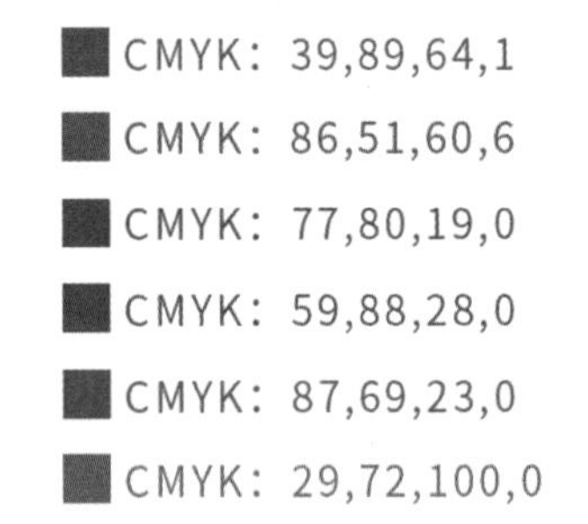

▲ 丛书色彩构思

- 文字构思。文字字体以端庄工整的宋体类字体为主，搭配具有现代感、简约感的黑体、圆体类字体，结合不同的字体大小、色彩，使得信息呈现主次分明。每本书的文字以丛书名和本书书名为主，可用有彩色进行强调，其他次要文字可以选择与背景色彩对比较大的无彩色。另外，由于科技类书籍本身文字内容较多，且根据书籍设计基本信息单，本套丛书封底、勒口文字较多，宜采用较大的行距、段距，使读者浏览起来更轻松。

- 图像构思。由于本套丛书的装帧设计以图像为辅，因此可选用比较抽象、大气的浅色浮雕图像作为贯通护封的背景，使护封设计的连续性较强。其中的前勒口根据要求，可添加作者肖像图像。扉页背景可选择较浅的纹理线条，起到装帧和衬托扉页文字的作用。为了体现丛书特点，设计师还可为本套丛书设计一个丛书标志，包括具有现代感的丛书名和装饰图形，以丛书标志代替纯文字形式的丛书名，避免单调感，并将其运用到其他装帧部分中，增添书籍的设计感。

- 版式构思。本套丛书装帧设计可综合运用重心型、对称型版面，使整体视觉效果重点突出、条理清晰。在排版大量文字介绍时，可以采用左对齐、基线网格结构模式，便于读者阅读。

● 内容构思。本项目需要设计护封、腰封、扉页，各部分的基本内容在书籍设计基本信息单中已经明确，设计师需综合考虑内容的布局，做出的构思如下图所示。

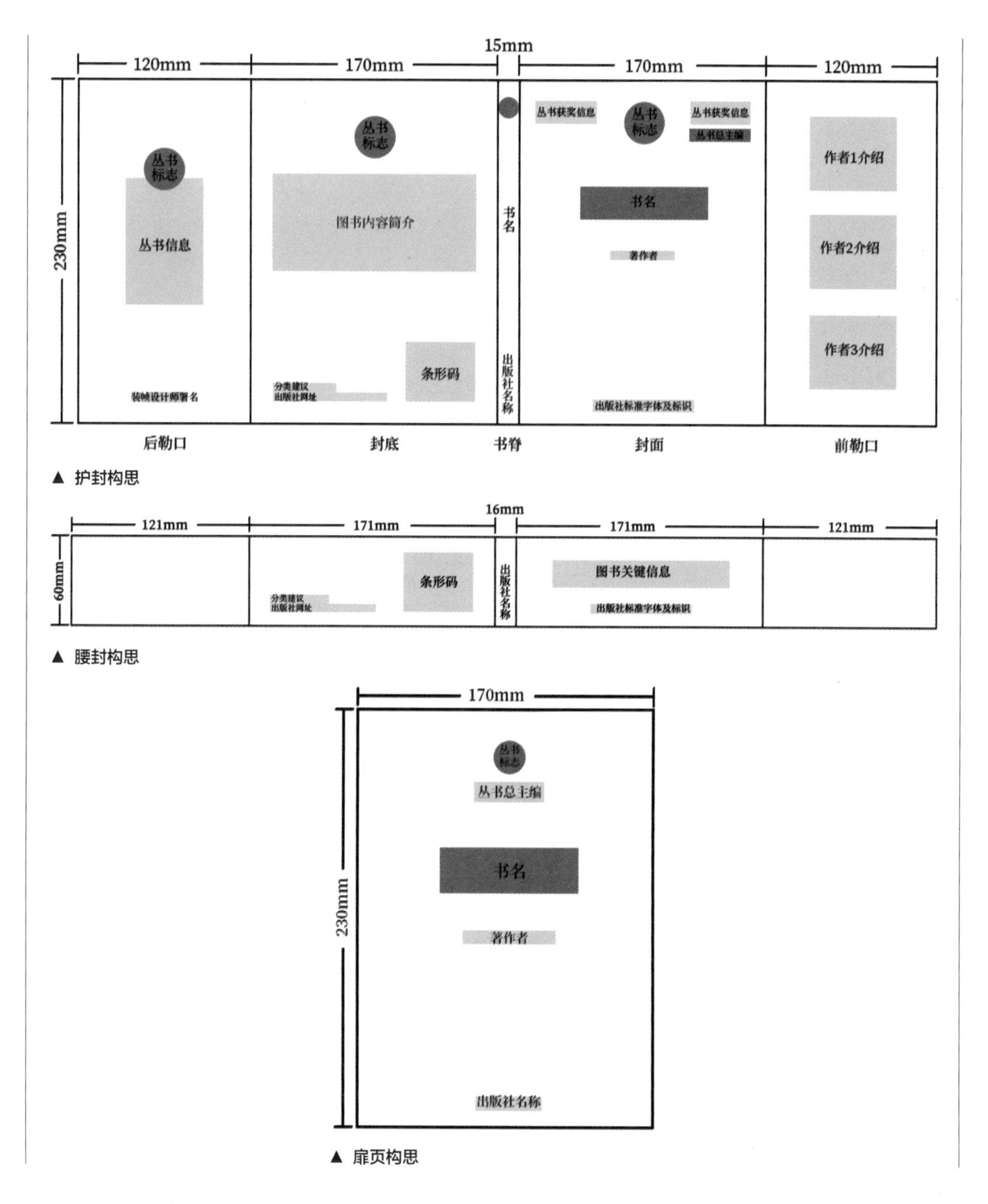

▲ 护封构思

▲ 腰封构思

▲ 扉页构思

2. 制作书籍装帧效果

以《智联天下：移动通信改变中国》为例，该书装帧设计具体包括制作丛书标志、护封、腰封、扉页，使用Illustrator 2022进行制作，参考步骤如下。

（1）制作丛书标志

步骤01　新建文件。启动Illustrator 2022，新建名称为“丛书标志”、宽度为“500px”、高度为“500px”、颜色模式为“CMYK颜色”的文件。

步骤02　绘制两个椭圆。选择“椭圆工具”，绘制一个椭圆，在“属性”面板中设置填色为“C86,M51,Y60,K6”，描边为“无”；再在下方绘制另一个椭圆，取消填色和描边。

步骤03　减去顶层椭圆。选中两个椭圆，按【Shift+Ctrl+F9】组合键打开“路径查找器”面板，单击其中的“减去顶层”按钮，得到圆弧。

步骤04　减去顶层长方形。选择“矩形工具”，在圆弧中央绘制一个长方形，然后选中圆弧和长方形，单击其中的“减去顶层”按钮，将圆弧断开。

步骤05　绘制星形。选择“星形工具”，在断开的圆弧之间空白处绘制一个星形，设置填色为“C86,M51,Y60,K6”，描边为“无”。

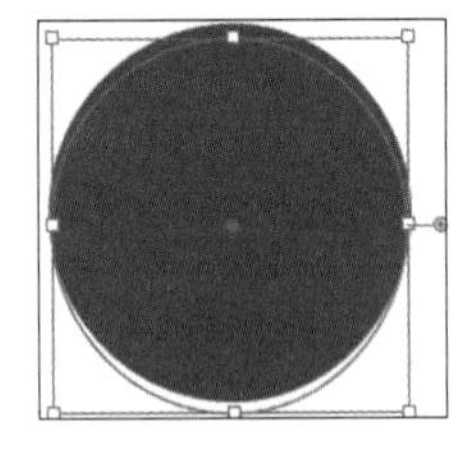

▲ 绘制两个椭圆

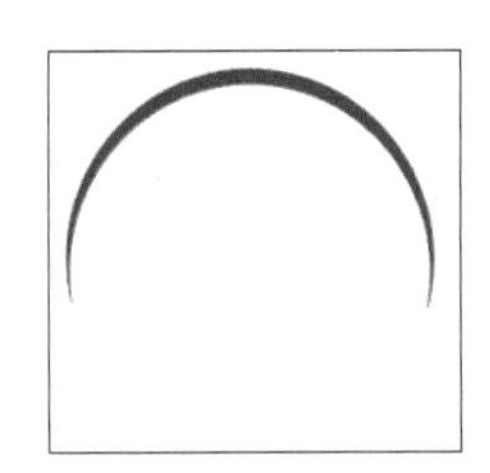

▲ 减去顶层椭圆

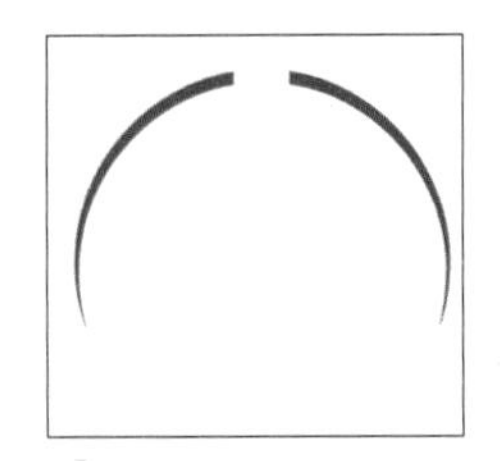

▲ 减去顶层长方形

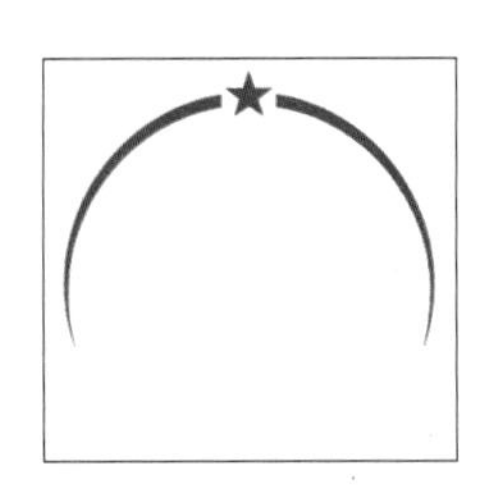

▲ 绘制星形

步骤06　绘制“科”字部首。选择“钢笔工具”，根据“科”文字的结构，将“科”文字的部首选用几何图形构成，增加丛书名文字的创意性，使文字整体风格稳重大气。

步骤07　绘制第一行丛书名。使用与步骤06相同的方法，绘制“科”文字的右边部分，以及“技”文字，形成第一行丛书名。

步骤08　绘制第二行丛书名。使用与步骤06相同的方法，在第一行丛书名下方绘制“改”“变”“中”“国”文字的笔画。

步骤09　连接文字。为了使标志中的书名文字更具设计感，可以沿“中”文字上方的横笔画，使用“矩形工具”向左绘制长方形，连接“中”“变”“改”文字中的横笔画。最后选中所有内容进行编组，并保存文件（配套资源\素材\项目6\丛书标志.ai）。

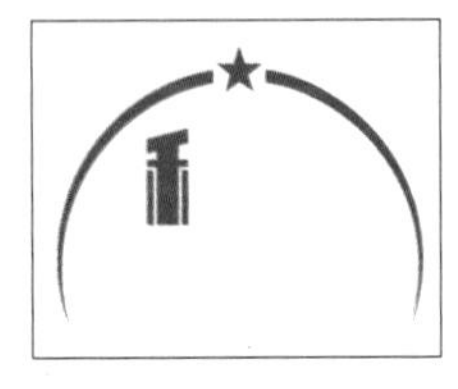

▲ 绘制“科”字部首

▲ 绘制第一行丛书名

▲ 绘制第二行丛书名

▲ 连接文字

（2）制作护封

步骤01　新建文件并新建画板。在Illustrator 2022中新建名称为"《智联天下：移动通信改变中国》护封"、宽度为"15mm"、高度为"230mm"、颜色模式为"CMYK颜色"、出血上下左右均为"3mm"的文件。选择"画板工具"，在画板1右侧依次绘制符合封面、前勒口尺寸的两个画板，在画板1左侧依次绘制符合封底、后勒口尺寸的两个画板。

步骤02　制作护封背景。使用"矩形工具"在勒口处绘制与勒口等大的背景矩形，设置填色为"C2,M4,Y4,K0"。置入"浮雕.jpg"素材（配套资源\素材\项目6\浮雕.jpg），调整其大小和位置，使其铺满封底、书脊、封面。

▲ 制作护封背景

步骤03　添加丛书标志。将制作的丛书标志添加到后勒口、封底、书脊、封面中，并调整大小。

步骤04　输入护封重点信息。使用文字工具组中的工具在对应的位置输入书名、丛书总主编、著作者、丛书中的其他书名和"著"文字，设置字体分别为"方正特雅宋简""方正细等线_GBK""方正中粗雅宋_GBK""方正准雅宋简体""方正准雅宋_GBK"，填色分别为"C86,M51,Y60,K6""C0,M0,Y0,K100"。

步骤05　添加装饰元素。置入"印章.eps"素材（配套资源\素材\项目6\印章.eps），将其放置在封面中的"著"文字之下。使用"矩形工具"在封面书名下方绘制一条装饰线，设置填色为"C0,M0,Y0,K100"，描边为"无"。

步骤06　添加其他信息。打开"智联天下信息.eps"素材（配套资源\素材\项目6\智联天下信息.eps），将其中的出版社标准字体及标识、条形码、二维码、获奖标识等素材添加到护封中，然后使用"文字工具"T.在后勒口中输入装帧设计师署名，在封底中输入图书内容简介、分类建议和出版社网址，在前勒口中输入作者简介，注意对于大段文字应设置较大的字距、行距、段距。

步骤07　绘制装饰线。使用“矩形工具”▭在后勒口的丛书其他书名周围绘几条深绿色装饰线，并保存文件（配套资源\效果\项目6\《智联天下：移动通信改变中国》护封.ai）。

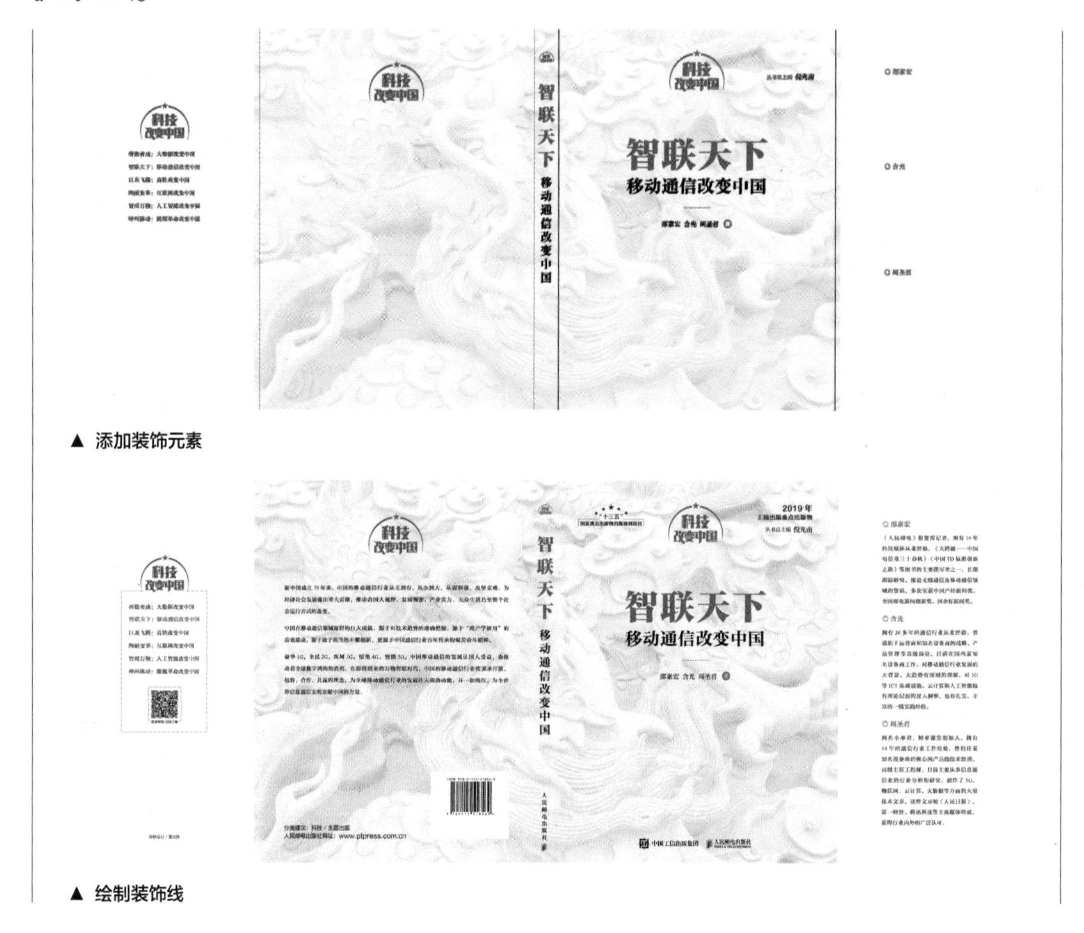

▲ 添加装饰元素

▲ 绘制装饰线

（3）制作腰封

步骤01　新建文件并新建画板。在Illustrator 2022中新建名称为“《智联天下：移动通信改变中国》腰封”、宽度为“16mm”、高度为“60mm”、颜色模式为“CMYK颜色”、出血上下左右均为“3mm”的文件。选择“画板工具”，在画板1左右两侧依次绘制符合腰封其他部分尺寸的画板。

步骤02　制作腰封背景。使用“矩形工具”▭绘制一个背景矩形，设置填色为“C86,M51,Y60,K6”，描边为“无”。

▲ 制作腰封背景

步骤03 输入腰封文字。使用“文字工具” T.输入书籍关键信息、分类建议和出版社网址，设置字体分别为“Times New Roman”“方正粗雅宋_GBK”“方正中粗雅宋_GBK”“方正兰亭黑_GBK”，填色均为“C0,M0,Y0,K0”，调整文字的位置、字体、大小、间距。

步骤04 添加装饰线条、条形码、出版社标准字体及标识。使用“矩形工具” ▢.在书籍关键信息上方绘制一条白色的装饰线，然后将“智联天下信息.eps”素材中的条形码、出版社标准字体及标识素材添加到腰封中，最后保存文件（配套资源\效果\项目6\《智联天下：移动通信改变中国》腰封.ai）。

▲ 添加装饰线条、条形码、出版社标准字体及标识

（4）制作扉页

步骤01 新建文件。在Illustrator 2022中新建名称为“《智联天下：移动通信改变中国》扉页”、宽度为“170mm”、高度为“230mm”、颜色模式为“CMYK颜色”、出血上下左右均为“3mm”的文件。

步骤02 设置版心。按【Ctrl+R】组合键显示标尺，从上方标尺中拖曳出一条水平参考线，在“属性”面板中设置Y为“18mm”，再拖曳出一条水平参考线，设置Y为“212mm”；从左侧标尺中拖曳出一条垂直参考线，在“属性”面板中设置X为“18mm”，再拖曳出一条垂直参考线，设置X为“152mm”。这4条参考线围起来的区域即为版心。

步骤03 制作扉页背景。置入“纹理.jpg”素材（配套资源\素材\项目6\纹理.jpg），调整位置和大小。

步骤04 添加扉页信息。将护封文件中的丛书标志、书名、丛书总主编、著作者、印章图像、“著”文字、装饰线条复制到扉页版心中，调整位置和大小，然后使用“文字工具” T.在扉页底部输入出版社名称，最后清除参考线并保存文件（配套资源\效果\项目6\《智联天下：移动通信改变中国》扉页.ai）。

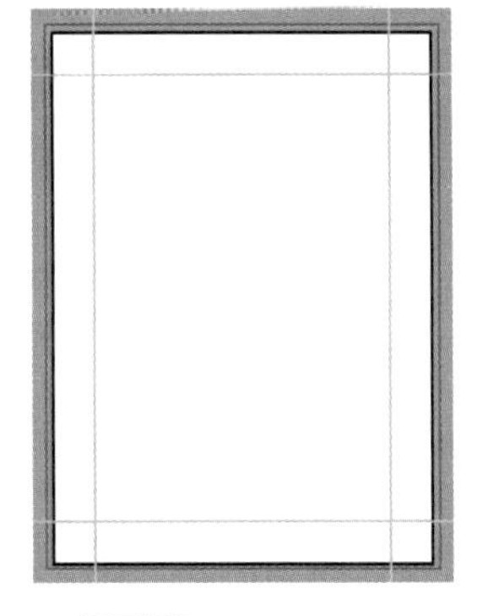

▲ 设置版心

▲ 制作扉页背景

▲ 添加扉页信息

《科技改变中国》丛书中其他5本书的装帧效果制作方法同上文所示，设计师可复制《智联天下：移动通信改变中国》护封、腰封、扉页文件，将其中的部分内容修改为其他书籍的信息，并依据前文的色彩构思改变主色，通用的丛书标志、出版社信息等内容可不修改。

3. 展示丛书立体效果

为了便于客户查看真实的书籍装帧效果，可将装帧设计文件导出为图片，应用到立体书籍样机中，参考效果如下。

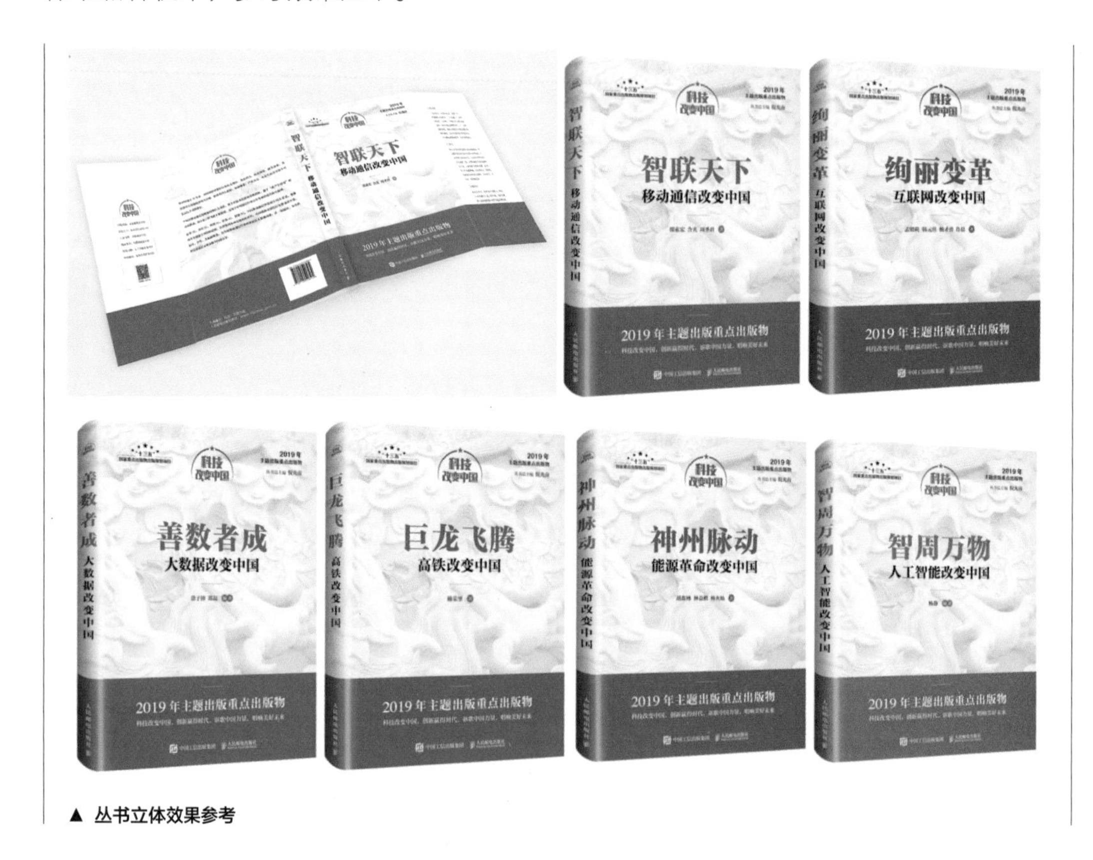

▲ 丛书立体效果参考

项目实训

某出版社推出《国之重器》丛书，其中包括《星耀中国：我们的量子科学卫星》《星耀中国：我们的风云气象卫星》这两本书。该丛书为读者介绍丰富的科学知识，揭示我国量子科学卫星、风云气象卫星的“前世今生”。需要设计师根据下方提供的书籍设计基本信息单完成该丛书的书籍装帧设计项目。

书名	《星耀中国：我们的量子科学卫星》《星耀中国：我们的风云气象卫星》		
作者署名	《星耀中国：我们的量子科学卫星》 作者：印娟，董雪，曹原，张亮，朱振才，彭承志，王建宇，潘建伟 《星耀中国：我们的风云气象卫星》 作者：董瑶海，陈文强，杨军	页数	《星耀中国：我们的量子科学卫星》：158 页 《星耀中国：我们的风云气象卫星》：190 页
开本	16 开	出版社	人民邮电出版社
设计内容	①封面：须包含丛书名、作者署名、书名、出版社标准字体及标识，以及丛书荣誉信息、出版社信息 ②书脊：须包含丛书名、书名、出版社名称 ③封底：须包含条形码、分类建议、出版社网址		
设计要求	丛书整体装帧设计风格统一，图文并重，需运用与书籍主题相关的真实插图，色彩搭配大气、稳重，丛书名和书名文字突出，视觉效果规整、美观		

◀ 最终效果参考

知识拓展

科技类书籍装帧设计获奖作品欣赏

“全国书籍装帧艺术展暨评奖”活动是中国出版业的书籍设计艺术与学术的一场盛会，始于1959年，自2009年第七届起更名为“全国书籍设计艺术展”，是中国出版界最具权威性和影响力的书籍设计艺术展览和评奖活动之一，也是在文化艺术领域具有国际影响力的展览和评奖活动。

在第九届全国书籍设计艺术展览中，涌现了一批优秀的书籍装帧设计作品，其中科技类金奖、银奖、铜奖作品如下。

▲ 金奖：《材料图传——关于材料发展史的对话》/ 设计：尹琳琳

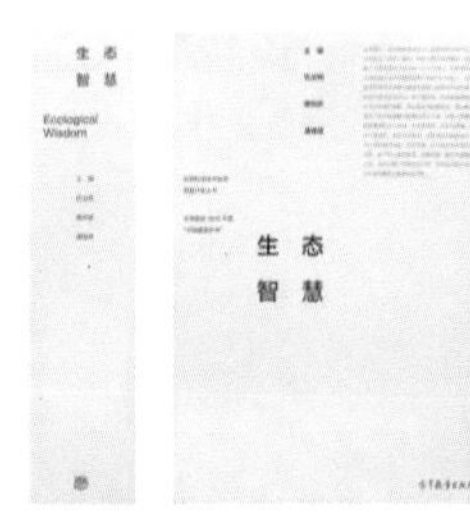

▲ 银奖：《生态智慧》/ 设计：张志奇

▲ 铜奖：《御窑金砖》/ 设计：周晨

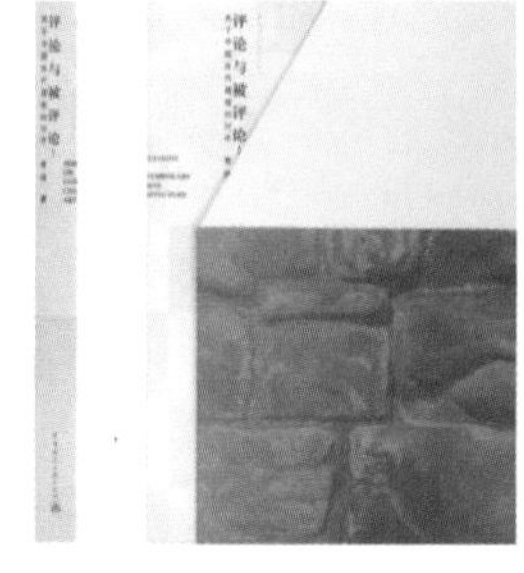

▲ 银奖：《评论与被评论：关于中国当代建筑的讨论》/ 设计：张悟静

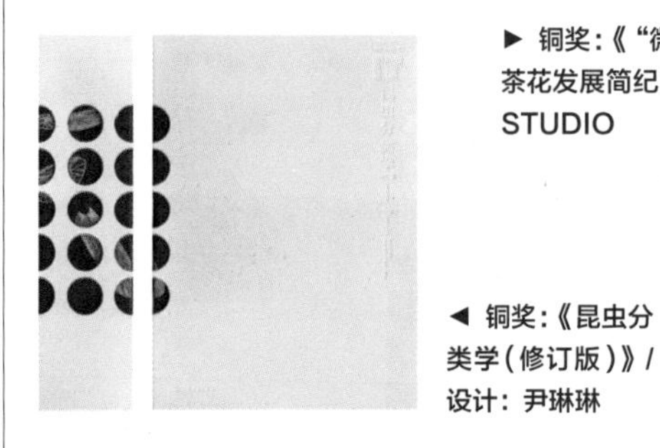

◀ 铜奖：《昆虫分类学（修订版）》/ 设计：尹琳琳

► 铜奖：《"微"观茶花 束花茶花发展简纪》/ 设计：WJ-STUDIO

扫一扫

拓展知识：查看获奖作品的更多信息和相关赏析

◀ 铜奖：《伤寒论选读》《金匮要略选读》《温病学》《黄帝内经选读》/ 设计：尹岩、白亚萍、水长流

◀ 铜奖：《星际唱片：致外星生命的地球档案》/ 设计：孙晓曦

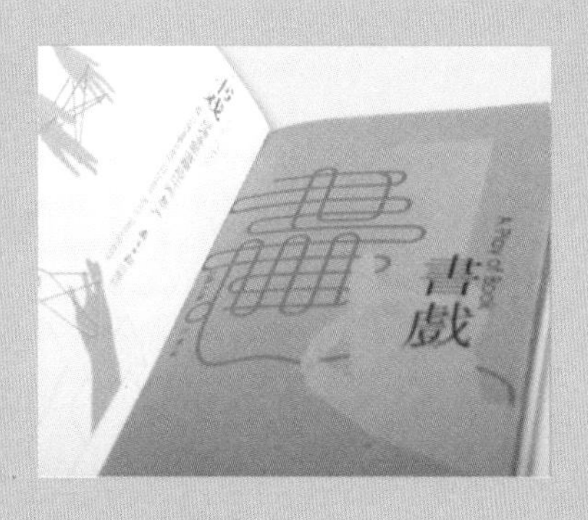

07

项目7　文艺类书籍——《皮影》装帧设计

在众多的书籍种类之中，文艺类书籍因其生动有趣的内容、深刻且富有哲理的内涵受到了广大读者的青睐。无论是文学名著，还是艺术画集，其独特的装帧设计都会对读者产生或多或少的影响，既有助于向读者表现书籍的文学流派和艺术形式，又能直观深刻地传达作者对生活、情感、社会现象等各个方面的思想见解。本项目将针对文艺类书籍及其装帧设计相关知识展开介绍，展示文艺类书籍的文化内涵和美学价值，并通过《皮影》装帧设计的实操案例，让设计师更好地掌握文艺类书籍装帧设计方法、程序与软件操作。

若把书籍设计比作建筑设计，既需要通过物件传达设计理念，也需要解决客户的实际需求。好的书籍设计，是能够将书籍气质准确、恰如其分传达给读者的容器。

——拉什·穆勒

学习目标

1. 熟悉文艺类书籍装帧设计的特征。
2. 了解常见的文艺类书籍装帧设计。
3. 完成《皮影》装帧设计实践。

素养目标

1. 通过《皮影》书籍装帧设计，加强对中国传统民间艺术的认同感和自信心，感受中国传统民间艺术的独特魅力。
2. 提升艺术审美，增加文化底蕴。

课前讨论

1. 你认为文艺类书籍装帧设计的风格应该是什么样的？请以你熟悉的某本文艺类图书为例，具体分析其装帧设计效果。
2. 请扫描右侧二维码，欣赏一些优秀的文艺类书籍装帧设计图片，分析每本书的设计特点和设计元素，谈一谈你对这些书籍装帧设计思路的理解。

图片：课前讨论

项目描述

作为中国民间古老的传统艺术之一，皮影戏（又称影子戏、灯影戏、驴皮戏）是一种以兽皮或纸板做成的人物形象，借灯光照射所形成的剪影来表演故事的民间戏剧。在皮影戏的表演过程中，艺人们站在白色幕布后面，一边操纵皮影角色，一边以当地流行的曲调讲述故事，同时还可以伴有打击乐和弦乐，营造出浓厚的乡土氛围。这种艺术形式的流行范围非常广泛，而且由于不同地方所采用的声腔不同，衍生出了多种多样的皮影戏表演形式。某出版社策划出版文艺类书籍《皮影》，主要讲解我国不同区域皮影戏的不同表演形式，现该书已进入装帧设计阶段。

项目目标

为了更好地完成本项目，需要根据下方提供的书籍设计基本信息单进行规划、构思、设计和制作，最终呈现出符合要求的书籍装帧设计作品。

书名	《皮影》		
作者署名	秦 ××	出版社	×××× 出版社
开本尺寸	260mm×185mm	书脊厚度	18mm
设计内容	①封面：须包含书名、作者署名、艺术性质、出版社名称，以及广告语和皮影图像、皮影标识 ②书脊：须包含书名、作者署名、出版社名称、皮影标识 ③封底：须包含书名、皮影图像、条形码，封底的皮影图像不能与封面的皮影图像重复 ④目录页：须包含一级标题（章名），以及其下的二级标题（皮影戏剧目） ⑤篇章页：须包含章名和相关皮影插图，章名以皮影表演形式直接命名		
设计要求	整体装帧设计风格偏向传统、古典、文艺，色彩搭配素雅、稳重、和谐，不同页面中的色彩需具有一定的关联性，整体视觉效果美观、典雅、艺术性强，能让读者一眼就明白本书的主题，还能被皮影外观所吸引		

知识准备

知识7.1 文艺类书籍的特征

文艺类书籍以文学、艺术为主题，这类书籍涵盖了广泛的文学流派和艺术形式。文艺类书籍的特征很大程度上取决于作者的创作风格、书籍主题和个人观点，总体来说通常具有以下特性。

- 独特性。文艺类书籍在内容、形式和语言上寻求与众不同的表达方式，试图通过新颖独特的情节、精致的写作技巧和艺术化的表现方式来打动读者。
- 抒情性。文艺类书籍往往以情感和情绪为核心，运用诗意的语言和细腻的描绘方式，将情感深度融入作品中。抒情性使得文艺类书籍能够触动读者的内心，引起读者对生活、爱情、友谊等方面的共鸣与思考，从而走近艺术，丰富心灵。
- 艺术性。文艺类书籍注重艺术性，强调对美的追求。无论是诗歌的韵律、小说的叙事方式，还是艺术的画面呈现，文艺类书籍都致力于创造独特而美妙的艺术体验。
- 深度内涵。文艺类书籍经常引发读者对人生、情感、社会问题以及普遍的人类经验进行深入思考。它们探索生活的意义、社会道德和价值观念，并试图通过艺术化的方式展示作者对这些问题的独特见解。通过书中生动的人物形象、复杂的关系以及深刻的思考，读者对人类行为和社会现象会有更深入的认识和理解。
- 富有想象力。这些书籍通常通过创造独特而奇妙的世界观、故事情节和人物形象来吸引读者。作者运用想象力，创造出与现实世界不同的虚构或改编的情境，使读者能够进入一个全新的体验领域。这种富有想象力的特点可以激发读者的好奇心，引导他们去探索未知的世界。

知识7.2 常见的文艺类书籍装帧设计

常见的文艺类书籍有小说、散文、诗歌、画集和摄影集等形式，这些书籍的装帧设计各自具有不同的特点。

● 小说类书籍装帧设计。小说类书籍内容多，文字量较大，一般以小说中的主要人物或故事场景来设计插图，并将其运用在封面或内页中，以营造出与故事情节相符合的氛围。封面中通常还含有对小说主要内容的简要介绍。

● 散文类书籍装帧设计。散文类书籍一般意境深邃，语言优美、凝练，其装帧设计常运用写意的设计手法，以具有意境的图形或插图来体现散文内容的神韵与内涵。

◀《我是猫》装帧设计
封面的猫与书名中的“猫”对应，猫周围增加坐卧的人群形象，形成曲线构图，呼应小说中的角色关系。

《赤子》装帧设计 ▶
封面图形采用红色渐变，呼应书名。图形是心形的一半，令人联想到赤子之心，与散文内容相贴合，书中的散文无时无刻不在记录着余光中先生的赤子之心，白色的背景更凸显了赤子之心的纯粹。

● 诗歌类书籍装帧设计。相较于小说类、散文类书籍装帧设计，诗歌类书籍的装帧设计更为灵活、自由，书籍内页的字数较少，通常采用大字体排版和留白的方式，以凸显诗歌的韵律美和意境，有时还会在内页中插入简单的花纹、具有诗意的图案、名家绘画等，起到烘托内容，同时又增添艺术性与审美性。

◀《飞鸟集》《新月集》装帧设计
封面插图都与书名密切相关，内页中添加了与内容相关的插图，烘托了诗歌的意境，使读者在阅读时更能沉醉地感受诗歌之美与深刻内涵。

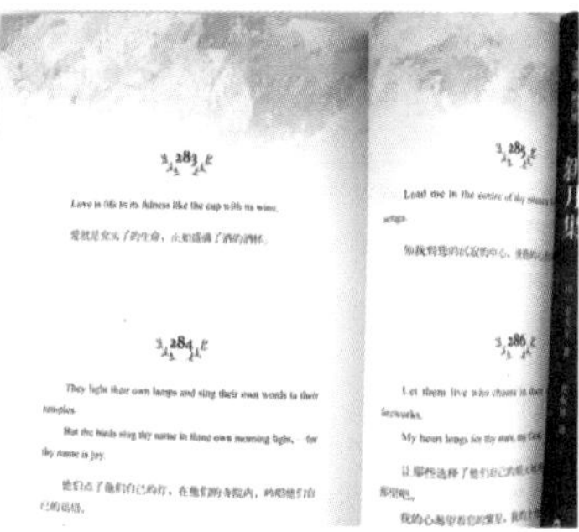

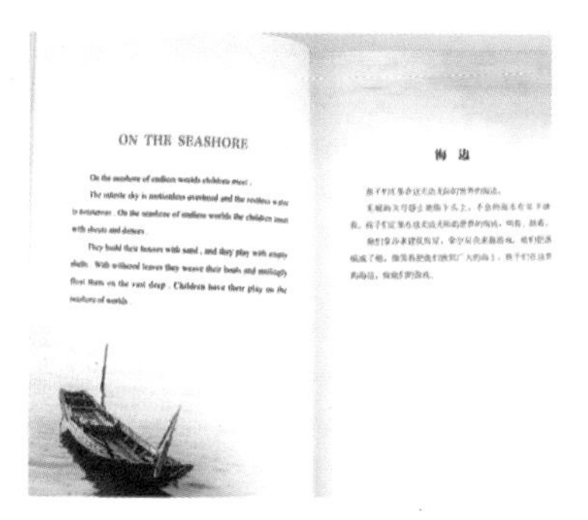

● 画集和摄影集装帧设计。画集和摄影集需要更多的图片元素来突出自身特色，一般会精选少量画作、照片直接展示在封面中，以吸引目标读者，更直观地呈现出本书特点，传达作者的绘画或摄影风格。在排版方面，全书的文字相对较少，文字排版相对简单，但需要注重图片布局，最大程度地展现画作或照片的美感和艺术性。

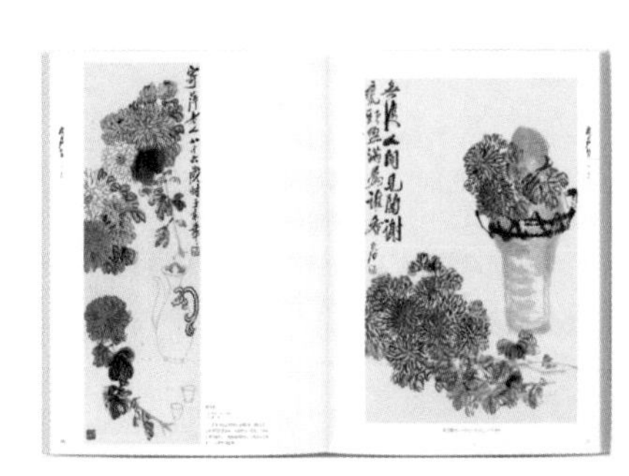

◀《齐白石画集》装帧设计
封面插图直接运用了齐白石的画作，内页版式也比较简单，以展示画作为主，文字为辅。

项目实施

本项目的实施主要包括规划《皮影》整体装帧，制作封面、书脊和封底，制作目录页和篇章页，展示《皮影》立体效果4个阶段。

1. 规划《皮影》整体装帧

《皮影》整体规划主要从风格和色彩、封面、书脊、封底、目录页、篇章页6个方面进行构思。

● 风格和色彩构思。根据书籍设计基本信息单中的设计要求，本书装帧风格偏向传统、古典、文艺，为此可从皮影的常用色彩中提取色彩的搭配，如以具有一定对比度但视觉上搭配和谐的红色、黄色作为本书装帧的主色调和辅助色，再搭配无彩色。

CMYK：0,100,100,40
CMYK：10,35,73,0

▲《皮影》色彩构思

● 封面构思。封面的版面可以用色块来分割，以左侧黄色、右侧白色两种色块形成对称式版面，使整体庄重、平衡，还可以在右侧白色块中添加宣纸纹理，增加封面的古典韵味。将书名、艺术性质、作者署名等文字排列在左侧黄色块中，并运用红色以形成对比，强调文字。为了增添封面的灵动感，可以结合运用三角形版面，以书名位置为一个三角形顶点，向右得到另外两个三角形顶点，将皮影图像和出版社名称放在右下方的三角形顶点位置，将皮影标识、广告语放在右上方的三角形顶点位置。文字字体方面，书名字体可以采用手写书法体，增添传统韵味，并起到强调书名的作用，其他文字可以采用较为端正又俏皮的方正爱莎简体，以及颇具古典韵味的宋体、仿宋。

● 书脊构思。书脊背景可以沿用封面左侧的黄色块，然后在背景中从上到下竖向排列皮影标识、书名、作者署名、出版社名称。书名仍保留极具特色的手写书法体，运用红色进行强调；其他文字采用宋体，运用白色以保证让读者清晰识别。

● 封底构思。封底以图像为主，因此有较多面积用来展示较大的皮影戏场景，整体采用分割型版面，左侧用较窄的红色色块，右侧用白色色块叠加宣纸纹理，呼应封面背景。在红色色块中叠加书名文字作为装饰；在右侧白色色块中主要展示皮影戏场景图像，还可以叠加古风纹样作为背景，丰富封底画面。条形码按照规定展示在封底右下角。

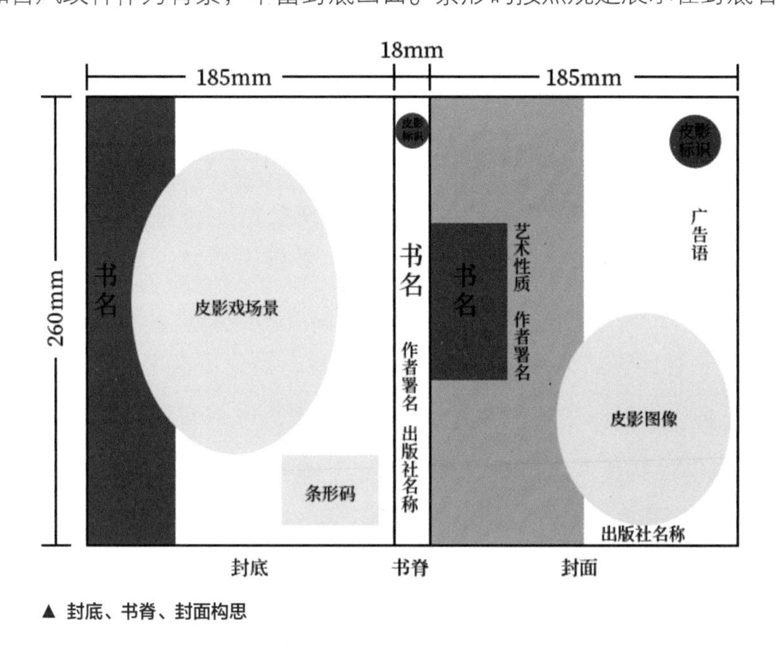

▲ 封底、书脊、封面构思

● 目录页构思。皮影艺术是充满活力的民间艺术，《皮影》目录版式可以采用曲线型版面，依据一条无形的曲线来布局每个篇章的位置，引导读者按曲线浏览，使目录页具有趣味性、节奏感和韵律感，整体给人灵活、自由、优美的感受。目录页背景可以沿用封面、封底设计中的皮影标识、书名，保证本书内外结构的装帧设计具有统一性，但为了凸显目录页的不同，还可以在背景中添加水墨山水素材，营造优雅、古典的氛围。

● 篇章页构思。篇章页的内容主要为章名和相关皮影插图，内容较少，可直接采用重心型版面来突出篇章特色，将皮影图像作为视觉焦点，放置在页面中央，以吸引读者注意，还可以运用色块强调页面的重点，增强信息传达效果。在皮影图像上方输入章名，并辅以背景图形以示强调，还可以添加与本章相关的宣传标语和引入语，使读者快速了解本章的内容。

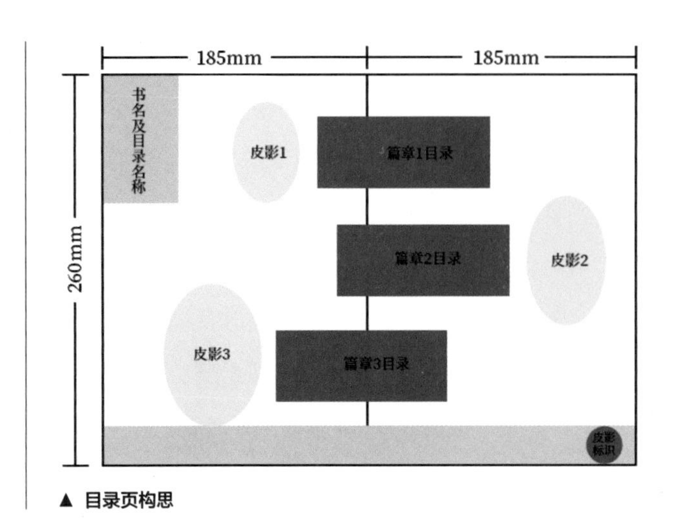

▲ 目录页构思

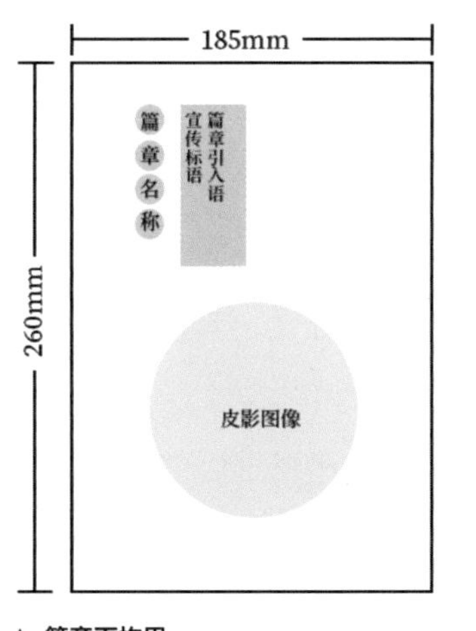

▲ 篇章页构思

2. 制作封面、书脊和封底

《皮影》封面、书脊和封底的制作可通过Photoshop来完成，这里以使用Photoshop 2022为例进行讲解，参考步骤如下。

扫一扫

制作封面、书脊和封底

步骤01 新建文件。启动Photoshop 2022，新建名称为“《皮影》封面、书脊和封底”、宽度为“394mm”、高度为“266mm”、分辨率为“300像素/英寸”、颜色模式为“CMYK颜色”的文件，再运用参考线在画面上下左右边缘各设置3mm的出血区域，并划分出封面、书脊和封底区域。

步骤02 制作封面背景。使用“矩形工具”在封面左半边绘制黄色矩形，设置填充为“C10,M35,Y73,K0”，描边为“无”。置入“宣纸纹理.png”素材（配套资源\素材\项目7\宣纸纹理.png），将其放置到封面右半边。

步骤03 制作书名部分。使用“矩形工具”在封面左侧绘制两个矩形，设置填充为“C0,M100,Y100,K40”，描边为“无”。置入“手写书名.png”素材（配套资源\素材\项目7\手写书名.png），将书名添加到红色矩形中，再使用“直排文字工具”在书名右侧输入“中国民间艺术”“秦×× 著”文字，再设置文字格式。

步骤04 制作其他部分。置入“皮影1.png”素材（配套资源\素材\项目7\皮影1.png），打开“皮影标识.psd”素材（配套资源\素材\项目7\皮影标识.psd），将其中所有内容拖入封面中。然后使用文字工具组中的工具分别输入“灯影下的匠心传承”“××××出版社”文字，并设置文字格式。

步骤05 制作书脊。使用“矩形工具”绘制与书脊等大的黄色矩形，将封面中的书名、皮影标识、作者署名、出版社名称所在图层复制到书脊中，调整大小、位置和格式，还可运用“颜色叠加”图层样式修改素材和文字颜色，使这些图层与书脊背景更加和谐。

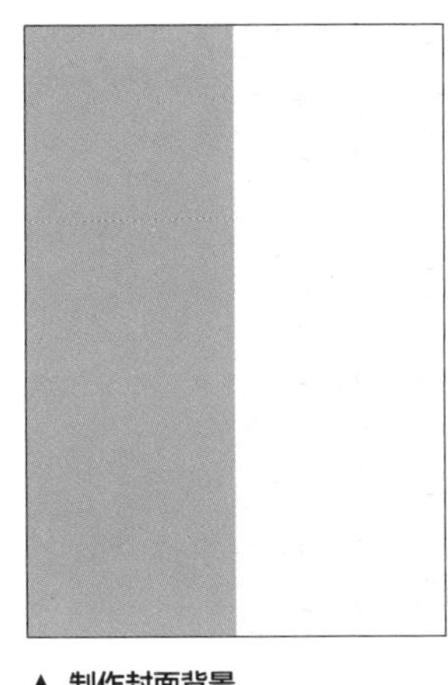

▲ 制作封面背景

▲ 制作书名部分

▲ 制作其他部分

▲ 制作书脊

步骤06　制作封底背景。使用与制作封面背景相同的方法制作封底背景，但注意左侧色块应为红色，且面积明显小于右侧色块。

步骤07　添加封底素材。将封面中的书名素材复制到封底红色矩形中，调整其大小和位置，为其叠加黄色，设置图层不透明度为“20%”。置入“纹样.png”“条形码.png”素材（配套资源\素材\项目7\纹样.png、条形码.png），然后置入“皮影戏场景.jpg”素材（配套资源\素材\项目7\皮影戏场景.jpg），并设置该图层的混合模式为“线性加深”，最后保存文件（配套资源\效果\项目7\《皮影》封面、书脊和封底.psd）。

▲ 制作封底背景

▲ 添加封底素材

3. 制作目录页和篇章页

扫一扫

制作目录页和篇章页

《皮影》目录页和篇章页可通过Illustrator、InDesign、Photoshop来完成，这里以使用Photoshop 2022为例进行讲解，参考步骤如下。

（1）制作目录页

步骤01　新建文件。启动Photoshop 2022，新建名称为“《皮影》目录页”、宽度为“376mm”、高度为“266mm”、分辨率为“300像素/英寸”、颜色模式为“CMYK颜色”的文件，再运用参考线在画面上下左右边缘各设置3mm的出血区域，在页面中央设置一条垂直参考线作为中缝线。

步骤02　制作目录页背景。使用“矩形工具”绘制红、白两色块分割页面，在白色色块中添加“宣纸纹理.png”素材和“水墨山水.psd”素材（配套资源\素材\项目7\宣纸纹理.png、水墨山水.psd）进行装饰。将封面文件中的书名、皮影标识等素材复制到目录页重新排版，可运用“颜色叠加”图层样式修改素材颜色，然后输入“●目录”文字。

▲ 制作目录页背景

步骤03　规划目录布局并制作篇章目录模板。置入“皮影2.png”“皮影3.png”“皮影4.png”（配套资源\素材\项目7\皮影2.png、皮影3.png、皮影4.png），调整位置，然后运用形状工具组和“直排文字工具”制作“云梦皮影”一章的目录。

▲ 规划目录布局并制作篇章目录模板

步骤04　制作其他章的目录。将“云梦皮影”一章目录的所有内容创建为图层组，复制该图层组到其他两个皮影人旁边，并修改文字内容，最后保存文件（配套资源\效果\项目7\《皮影》目录页.psd）。

▲ 制作其他篇章的目录

（2）制作篇章页

步骤01　新建文件。启动Photoshop 2022，新建名称为“《皮影》篇章页”、宽度为“191mm”、高度为“266mm”、分辨率为“300像素/英寸”、颜色模式为“CMYK颜色”的文件，再运用参考线在画面上下左右边缘各设置3mm的出血区域。

步骤02　制作篇章页背景。设置前景色为“C0,M100,Y100,K40”，按【Alt+Delete】组合键为页面填充背景。使用“椭圆工具”在页面中下方绘制一个填充为“C10,M35,Y73,K0”，描边为“无”的正圆。

步骤03　添加图像和图形。置入“皮影5.png”（配套资源\素材\项目7\皮影5.png），将其放置在正圆上，然后运用“椭圆工具”绘制章名的背景圆形。

步骤04　输入篇章页文字。使用“直排文字工具”分别输入“云梦皮影”文字、宣传标语、篇章引入语，设置文字格式，最后保存文件（配套资源\效果\项目7\《皮影》篇章页.psd）。

▲ 制作篇章页背景

▲ 添加图像和图形

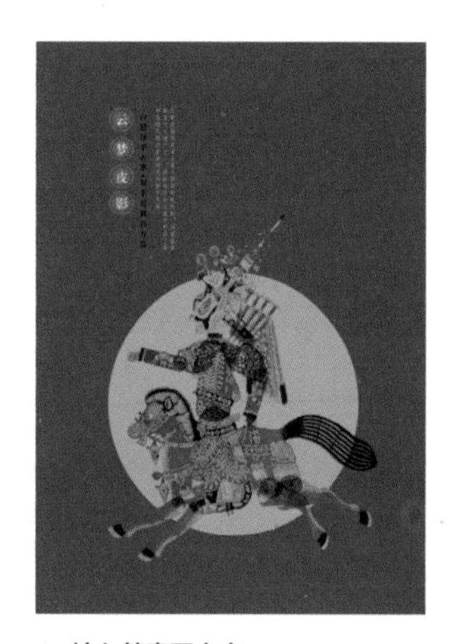

▲ 输入篇章页文字

4. 展示《皮影》立体效果

为了便于客户查看真实的书籍装帧效果，可将装帧设计文件导出为图片，应用到立体书籍样机中，参考效果如下。

▲《皮影》立体效果参考

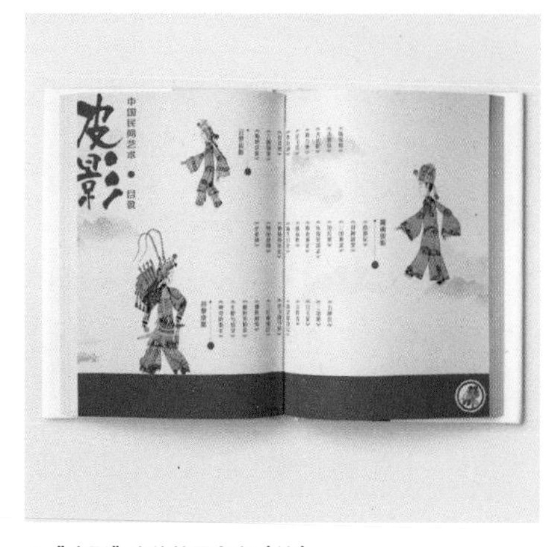

▲《皮影》立体效果参考（续）

项目实训

书法集既能反映时代主题，又能践行创作精神，是一种常见的文学类书籍。《山水雁迹：赵雁君书法集》是赵雁君以浙江名山、名水为脉络，以名地、名人为基点，以历代文人歌颂山水的诗词歌赋为内容，用隶、楷、行、草等书法字体创作近350件作品结集而成的。某出版社在《山水雁迹：赵雁君书法集》出版过程中，需要设计师根据下方提供的书籍设计基本信息单完成书籍装帧设计项目。

书名	《山水雁迹：赵雁君书法集》		
作者署名	赵雁君	出版社	××××出版社
开本尺寸	297mm×210mm	书脊厚度	41mm
设计内容	①封面：须包含书名、出版社信息、荣誉称号，以及能体现本书书法特点的插图 ②书脊：须包含书名、出版社信息、荣誉称号 ③封底：须包含条形码，以及能体现本书书法特点的插图		
设计要求	整体装帧设计效果大气，具有现代感，色彩搭配稳重、清爽，能体现出较强的艺术性，以及书法的沉稳、豪迈、洒脱之风		
配套资源	素材\项目7\笔迹.png、条形码.png 效果\项目7\山水雁迹.ai		

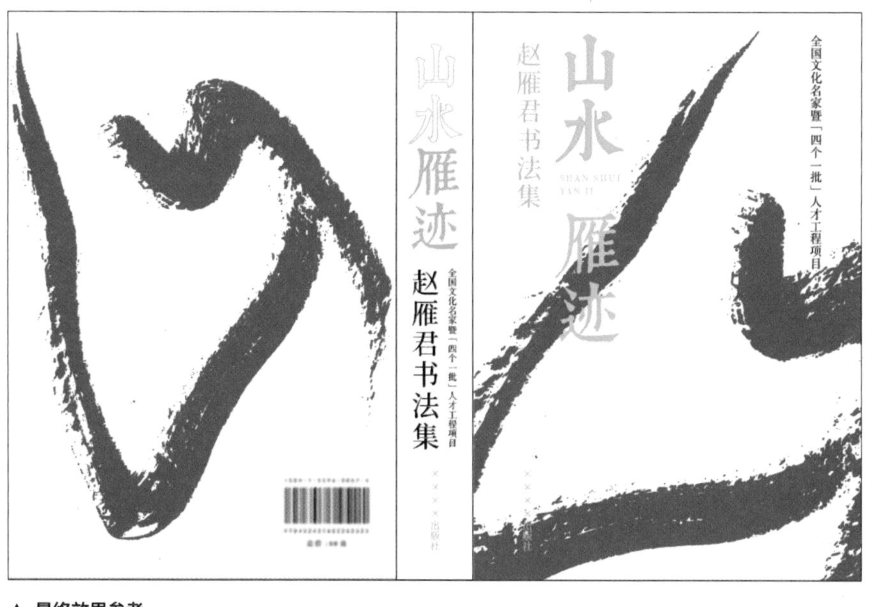

▲ 最终效果参考

知识拓展

欣赏不同风格的中国四大名著书籍装帧设计

中国四大名著指的是《红楼梦》《三国演义》《水浒传》《西游记》，它们被誉为中国文学的经典之作，各有其独特的艺术风格，不仅给读者带来了阅读享受，也对中国文学产生了深远的影响。各出版社与书籍装帧设计师们对四大名著进行过多版设计，下面展示一些不同风格的中国四大名著书籍装帧设计。

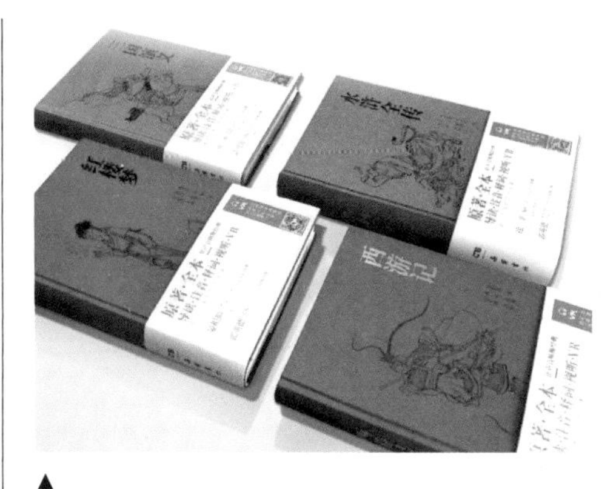

▲
这套四大名著的封面以传统色彩为背景，背景上的插图采用了线描的方式，勾勒出了书中的主要人物，从而体现书籍特色。

◀
这套四大名著的封面色彩搭配以对比色为主，而插图模拟了版画的形式来勾勒故事主角，从而体现书籍的重要内容。

▲
这套书均采用水墨晕染的风格，具有较为古典的气质，与我国古代四大名著的属性相贴合。水墨的色彩契合图书风格，同时结合不同的晕染图形，生动地展现了书的韵味与内涵。

▲
这套四大名著函套的打开方式类似于“开门”的形式，表示读者打开函套看书就走进了奇妙的故事世界中，增强了读者的代入感。函套中央还添加了符合书籍气质的图形，《红楼梦》函套中的门环让人联想到大观园的大门，《三国演义》函套中的箭雨让人联想到草船借箭的情节，《水浒传》函套中的旗帜让人联想到梁山好汉的起义，《西游记》函套中的祥云让人联想到孙悟空的筋斗云。函套内的书籍封面则直接采用了中国工笔画的风格，生动地再现了书中的故事场景。

08

项目8　儿童读物——《趣味剪纸》装帧设计

在每一本儿童读物中，装帧设计都扮演着重要角色。设计师运用合适的色彩和精美的插图创造出灵动的版式与符合儿童审美的视觉效果，让书籍内容跳脱出纸张的束缚，焕发出无穷的魅力，为孩子们打开通向无限想象力的大门，使其不由自主地被书籍内容吸引，开始一场沉浸式的阅读体验。本项目将对儿童读物及其装帧设计相关知识进行深入剖析，展示儿童读物的文化内涵和美学价值，并通过《趣味剪纸》装帧设计的实操案例，帮助设计师更好地掌握儿童读物装帧设计方法、程序与软件操作。

我认为纸质书的有趣之处在于，自从它存在以来，它的形式几乎没有改变，它仍然是一本书。书脊和书页连接在一起，在这个既定的限制之外，就是创造力发挥的空间。

——伊玛·布

学习目标

1 熟悉儿童读物的特征。

2 了解色彩在儿童读物装帧设计中的应用。

3 完成《趣味剪纸》装帧设计实践。

素养目标

1 在书籍装帧设计过程中传递积极向上的价值观念。

2 运用设计激发人们去了解和传承优秀传统文化。

3 培养对目标读者兴趣、习惯和需求的分析能力，以更好地满足目标读者的阅读体验。

课前讨论

1 你认为儿童读物装帧设计的风格应该是什么样的？请以你熟悉的某本儿童读物为例，具体分析该书的装帧设计效果。

2 请扫描右侧二维码，欣赏一些优秀的儿童读物装帧设计图片，分析每本书的设计特点和设计元素，谈一谈你对这些书籍装帧设计思路的理解。

图片：课前讨论

项目描述

手工是培养儿童观察力、想象力、动手能力的教育方法之一。在完成手工作品的过程中，儿童能够提升自信心和创造能力，培养对艺术活动的兴趣。而剪纸则是我国特色的传统手工艺术、人类非物质文化遗产。某出版社准备以手工剪纸为主题，策划出版儿童读物《趣味剪纸》，旨在传承和推广饱含着中国文化和智慧的剪纸艺术，让儿童学习剪纸技巧和欣赏精美的剪纸作品并感受剪纸带来的乐趣和手工的魅力，引导儿童关注与热爱传统手工艺，并发掘自己的创造力和艺术天赋。

项目目标

为了更好地完成本项目，需要根据下方提供的书籍设计基本信息单进行规划、构思、设计和制作，最终呈现出符合要求的书籍装帧设计作品。

书名	《趣味剪纸》		
作者署名	童心工作室	出版社	××××出版社
开本尺寸	185mm×175mm	书脊厚度	15mm
设计内容	①封面：须包含书名、作者署名、出版社名称、广告语，以及与剪纸相关的图像 ②书脊：须包含书名、作者署名、出版社名称 ③封底：须包含推荐语、条形码 ④目录页：须包含一级标题（剪纸类别）、二级标题（剪纸效果名称），以及页码和剪纸插图 ⑤正文页：须包含剪纸类别、剪纸效果名称、剪纸效果图、剪纸操作步骤配图、操作步骤说明文字、页码		
设计要求	整体装帧设计效果符合儿童审美，能给人亲切、可爱、愉悦的感受。整本书装帧设计的色彩基调相同，色彩搭配清新亮丽。书名文字的展示需要有设计感，所有文字清晰可见，考虑到要保护儿童视力，文字不宜过小。每个页面均需图文结合，充分运用大量的图片吸引儿童注意，让他们对剪纸产生兴趣		

知识准备

知识 8.1 儿童读物的特征

由于儿童读物是专门面向儿童的、适合他们认知水平和阅读习惯的书籍，因此具有其他书籍所没有的特征，设计师在装帧设计前需要先行了解儿童读物的以下特点。

- 语言简单易懂。儿童读物的语言相对简单明了，涵盖的内容也比较浅显易懂，这是为了让年幼的读者更容易阅读理解。
- 表现形式丰富多彩。儿童读物通常形式多样，既有寓言故事、童话、诗歌等多种文学形式，也有漫画书、图画书、立体书、弹出书等多种图像化形式，这样可以更好地吸引儿童的视线，增加儿童的阅读兴趣，激发儿童的好奇心和探究欲望。
- 具有积极的情感和价值导向。儿童读物在传递知识、启发思维的同时，还注重引导儿童树立正确的价值观念，让儿童在阅读中体验到家庭、友情、爱情、成长等方面丰富多彩的情感和人生经历，以及产生对自然、社会等环境的认知和思考。
- 具有趣味性。儿童读物常常运用幽默、夸张、想象等手法，从故事情节、角色形象、绘画风格以及文本语言等方面，将儿童喜欢的元素融入书籍中，给儿童带来愉快、有趣的阅读体验，吸引儿童的浏览兴趣，激发儿童的好奇心、想象力及探究欲望，引导他们喜欢、热爱、主动阅读，并通过阅读不断增长知识和丰富想象力。
- 具有亲和力。儿童读物在色彩、文字、插图、版面等方面，要充分考虑到儿童的视觉感知和心理特点，贴近儿童的认知和阅读习惯，让儿童感到温暖、舒适、亲切。

知识 8.2 色彩在儿童读物装帧设计中的应用

儿童对书籍的第一印象往往在于书籍色彩，色彩几乎直接影响儿童对书籍的选择。设计师需要针对儿童单纯、活泼、可爱的性格特点，应用明度较高的，带给人欢快、明亮、柔和、温馨等视觉感受的色彩，如红、橙、黄、绿、蓝等色彩。

- 红色。红色往往代表喜庆、吉祥、热情，用在儿童读物中容易引起儿童注意。红色常与无彩色搭配使用，可以很好地起到平衡画面的作用。

● 橙色。橙色能带来丰收和富足之感，令儿童联想到金色的秋天和收获的果实，也是暖色系中非常温暖的色彩。橙色常与浅绿色、浅蓝色搭配，多用于寓言故事、童话、认图识字等儿童读物的封面设计中。

● 黄色。黄色是常用来代表阳光的色彩，给人轻快、光明之感，这与儿童无忧无虑、好奇心强、单纯的性格相吻合。在儿童读物装帧设计中，设计者常将黄色与浅色系搭配，以带给读者干净、明快、友好、愉悦的感觉。

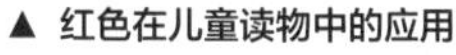
▲ 红色在儿童读物中的应用

▲ 橙色在儿童读物中的应用

▲ 黄色在儿童读物中的应用

● 绿色。绿色常代表大自然，也是生命力的象征，总能给人朝气蓬勃、生机盎然、充满希望的感觉。在儿童读物装帧设计中，绿色因可以传达生长、理想、成长的感觉而受到儿童喜爱。此外，绿色搭配其他色彩，还能使画面更加宁静、平和、纯真。

● 蓝色。蓝色常代表大海，象征着广袤、永恒、神秘、智慧，在心理学上可以安定情绪、缓解焦虑。在儿童科普读物上运用蓝色可以营造出探索与寻觅的氛围，在童话书籍中运用蓝色可以营造梦幻的氛围。

▲ 绿色在儿童读物中的应用

▲ 蓝色在儿童读物中的应用

项目实施

本项目的实施包括规划《趣味剪纸》整体装帧，制作封面、书脊和封底，制作目录页和正文页，展示《趣味剪纸》立体效果4个阶段。

1. 规划《趣味剪纸》整体装帧

《趣味剪纸》整体规划主要从风格和色彩、封面、书脊、封底、目录页、正文页6个方面进行构思。

- 风格和色彩构思。由于本书主题为剪纸，因此考虑运用剪纸风格与卡通风格来契合本书的主题和内容，加深读者对本书主题的印象。并且本书目标读者为儿童，为了带给儿童活泼和舒适的感受，可以橙色为主色，以其他较明亮的类似色或对比色为辅助色。

CMYK：0,3,14,0
CMYK：0,15,24,0
CMYK：0,9,37,0
CMYK：0,30,60,0
CMYK：4,47,81,0

▲《趣味剪纸》色彩构思

- 封面构思。将书名作为主要内容放置在封面中央，为书名选择契合本书主题的方正剪纸简体字体，在此基础上进行设计，然后为书名添加卡通装饰元素，使书名更突出、艺术性更强。运用波浪形的剪纸图形围绕在书名四周，重叠多层剪纸图形组成背景边框，这样有助于将儿童的视线聚焦到封面中央。此外，在书名周围和书名下方添加剪刀、卡纸、剪纸图案等与剪纸相关的元素，强调剪纸主题，引导儿童产生联想，激发其阅读兴趣。
- 书脊构思。书脊背景可以沿用封面的背景色，使书籍的整体外观看起来更加连贯、统一。同时，还可以沿用封面中的书名文字字体，将书名放在书脊中央，在其上下分别放置作者署名与出版社名称，简要地传达信息。
- 封底构思。封底沿用封面设计，将推荐语作为封底主要内容放置在封底中央，推荐语文字可以沿着剪纸形状编排，达到和谐的效果。为了区别封底与封面的不同，可以在封底中运用符合本书装帧设计风格、但与封面不一样的装饰元素，如彩虹、星星卡通图像，营造可爱、梦幻的氛围。条形码按规定展示在封底右下角。

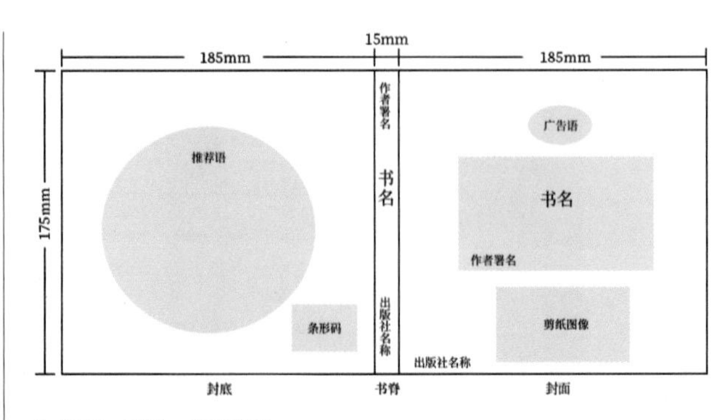

▲ 封底、书脊、封面构思

- 目录页构思。本书主要内容为介绍剪纸及相关教程，为便于指导儿童，目录需要条理清晰、便于儿童查找所需内容，因此目录可以采用骨骼型版面，排成双栏形式，保证文字字体大小可以较大，且能放下剪纸插图，同时视觉效果和谐有序。
- 正文页构思。剪纸的每个步骤以图片为主，说明文字为辅，且总步骤数量不多，一般6步以内，因此在介绍步骤时可以采用模块网格的方式，在页面中形成规律排列的步骤模块。为了吸引儿童注意，激发儿童学习剪纸的兴趣，正文页可以用较大面积展示剪纸效果图，并在效果图上方放置说明该正文页对应的剪纸类别和剪纸效果名称的文字。页码放置在页面底部角落即可，无须过多装饰，以清晰、直观为宜。

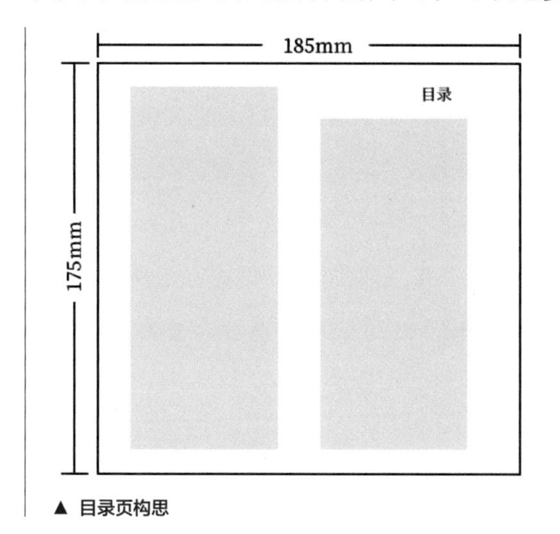

▲ 目录页构思

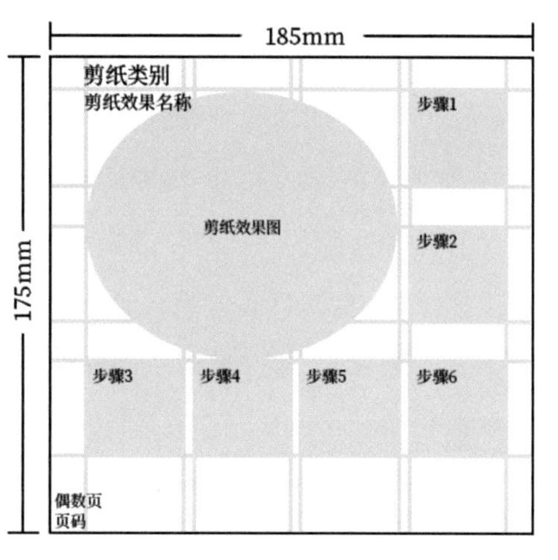

▲ 正文页构思

2. 制作封面、书脊和封底

《趣味剪纸》封面、书脊和封底的制作可通过Photoshop来完成，这里以使用Photoshop 2022为例进行讲解，参考步骤如下。

扫一扫

制作封面、书脊和封底

步骤01 新建文件。启动Photoshop 2022，新建名称为“《趣味剪纸》封面、书脊和封底”、宽度为“391mm”、高度为“181mm”、分辨率为“300像素/英寸”、颜色模式为“CMYK颜色”的文件，再运用参考线在画面上下左右边缘各设置3mm的出血区域，并划分出封面、书脊和封底区域。

步骤02 绘制封面背景。设置前景色为“C0,M3,Y14,K0”，按【Alt+Delete】组合键填充前景色，然后使用“钢笔工具”沿封面四周绘制边缘为波浪形状的图形，设置填充分别为“C0,M15,Y24,K0”“C0,M9,Y37,K0”，描边为“无”。

步骤03 添加图层样式。运用“投影”图层样式为波浪形状添加投影效果，形成剪纸层叠的立体感。运用“图案叠加”图层样式为“背景”图层叠加白色圆点图案。

步骤04 制作书名部分。置入“便签.png”素材（配套资源\素材\项目8\便签.png），然后使用“横排文字工具”T.分别输入“趣”“味”“剪”“纸”文字，设置字体为“方正剪纸简体”，合理设置其他的文字格式。

步骤05 美化书名文字。运用两次“描边”图层样式美化文字效果，再新建图层，使用“画笔工具”在文字中绘制一些白色高光，使书名文字效果更加生动。

▲ 绘制封面背景　　▲ 添加图层样式　　▲ 制作书名部分

步骤06　添加与剪纸相关的图像。打开“剪纸装饰.psd”素材（配套资源\素材\项目8\剪纸装饰.psd），将其中所有内容添加到封面文件中。为了突显部分图像效果，可以为其添加白色的“描边”图层样式。

步骤07　完善封面信息。用“横排文字工具”T.在封面左下角输入出版社名称。综合运用“钢笔工具”和“横排文字工具”T.输入路径文字，展示作者署名和广告语，然后运用“自定形状工具”为广告语绘制气泡框和爱心形状。

▲ 美化书名文字　　▲ 添加与剪纸相关的图像　　▲ 完善封面信息

步骤08　制作书脊。为书脊制作与封面相同的橙底白色圆点背景，将封面中的书名文字复制到书脊中并竖向排列，然后运用“直排文字工具”IT.输入作者署名和出版社信息。

步骤09　制作封底。为封底制作与封面相似的剪纸风格背景，然后输入推荐语文字，并添加“彩虹.psd”素材（配套资源\素材\项目8\彩虹.psd）进行装饰，在封底右下角添加“条形码.png”素材（配套资源\素材\项目8\条形码.png），最后保存文件（配套资源\效果\项目8\《趣味剪纸》封面、书脊和封底.psd）。

▲ 制作书脊　　▲ 制作封底　　▲《趣味剪纸》封面、书脊、封底

3. 制作目录页和正文页

制作目录页和正文页

《趣味剪纸》目录页和正文页版式设计可以通过Illustrator、InDesign、Photoshop等软件来完成，这里以使用Illustrator 2022为例进行讲解，参考步骤如下。

（1）制作目录页版式

步骤01 新建文件。启动Illustrator 2022，新建名称为“《趣味剪纸》目录页”、宽度为“185mm”、高度为“175mm”、颜色模式为“CMYK颜色”、出血上下左右均为“3mm”的文件。

步骤02 制作目录页背景。添加参考线划分双栏，使用“矩形工具”在顶部和底部绘制长方形，设置填色为“C4,M47,Y81,K0”，描边为“无”，然后使用“文字工具”T.在页面右上角输入“目录”文字。

步骤03 添加目录标题和标题底纹。使用“文字工具”T.依次输入每章目录中的一级标题和二级标题，并使用“矩形工具”为不同的一级标题绘制不同色彩的长方形底纹。

步骤04 添加剪纸插图。打开“剪纸插图.ai”素材（配套资源\素材\项目8\剪纸插图.ai），将其中的插图放置到对应的一级标题左侧，最后保存文件（配套资源\效果\项目8\《趣味剪纸》目录页.ai）。

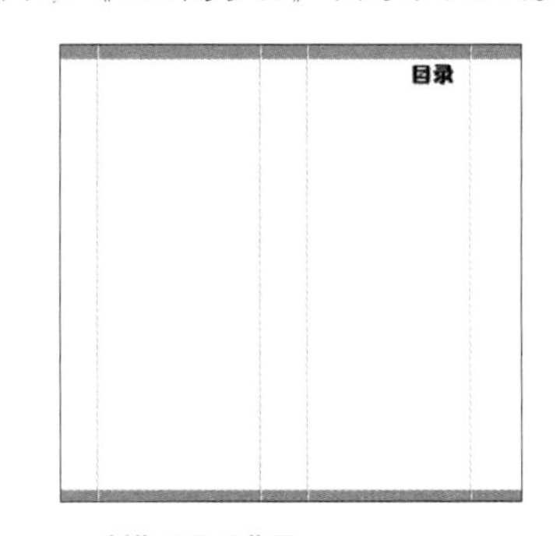

▲ 制作目录页背景

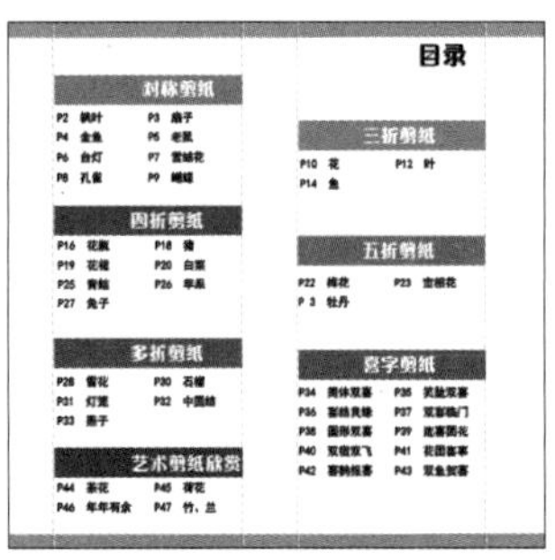

▲ 添加目录标题和标题底纹

▲ 添加剪纸插图

（2）制作正文页版式

步骤01 新建文件。启动Illustrator 2022，新建名称为“《趣味剪纸》正文页”、宽度为“185mm”、高度为“175mm”、颜色模式为“CMYK颜色”、出血上下左右均为“3mm”的文件。

步骤02 设置版心并制作正文页背景。使用“矩形工具”在页面中央适当位置绘制一个小于页面尺寸的矩形，选中该矩形，选择【视图】/【参考线】/【建立参考线】命令创建版心参考线。使用“矩形工具”在页面左侧绘制长方形，设置填色为“C4,M47,Y81,K0”，描边为“无”。

步骤03　划分四栏。运用垂直参考线将页面平均分为四栏，然后添加水平参考线，将分栏网格进一步制作为模块网格。

步骤04　制作第一个模块。使用“圆角矩形工具”在右上角的模块网格中绘制一个圆角矩形作为步骤图片的背景，设置填色为“C0,M9,Y37,K0”，描边为“无”。使用“椭圆工具”在圆角矩形左下角绘制一个较小的正圆，设置填色为“C4,M47,Y81,K0”，描边为“无”，然后使用“文字工具”输入“1”文字，表示步骤序号。

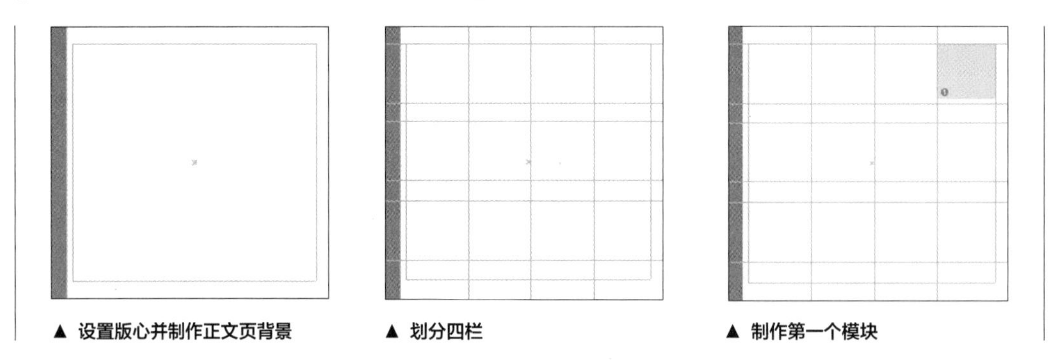

▲ 设置版心并制作正文页背景　　▲ 划分四栏　　▲ 制作第一个模块

步骤05　添加步骤图片和说明文字。打开“五折剪纸－梅花.ai”素材（配套资源\素材\项目8\五折剪纸－梅花.ai），将其中梅花剪纸第一步操作所对应的图片添加到步骤04绘制的圆角矩形中，接着在圆角矩形下方第一条参考线之下输入步骤说明文字。

步骤06　制作其他步骤模块。复制第一个模块中的所有内容，根据网格参考线粘贴并布局其他步骤模块，然后修改步骤序号，再根据“五折剪纸－梅花.ai”素材修改其他步骤对应的图文内容。

步骤07　展示剪纸效果。将“五折剪纸－梅花.ai”素材中的剪纸效果图复制到正文页中，将其放置在左上方剩余的6个网格中央，然后使用“文字工具”在效果图左上角输入“梅花”文字。

步骤08　制作书眉和页脚。使用“文字工具”在版心左上方输入一级标题“五折剪纸”作为书眉，然后使用“文字工具”在版心左下方输入页码数字“22”作为页脚，隐藏参考线查看最终效果，最后保存文件（配套资源\效果\项目8\《趣味剪纸》正文页.ai）。

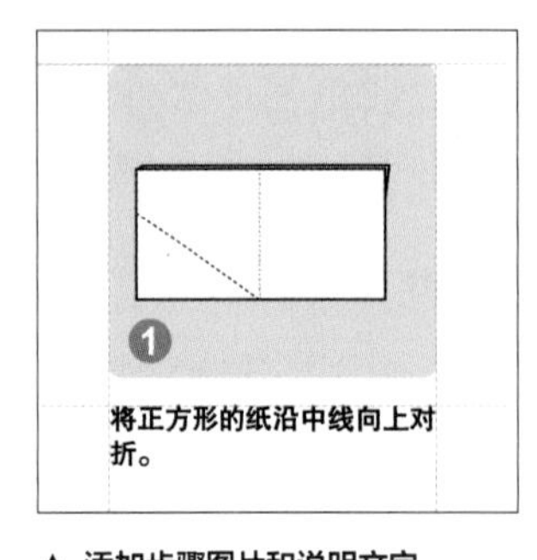

▲ 添加步骤图片和说明文字

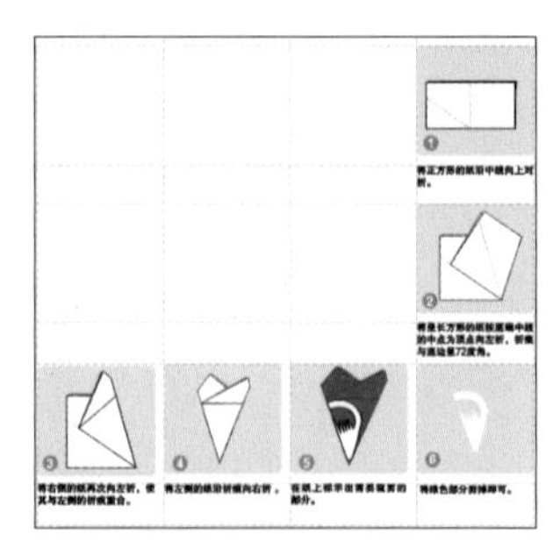

▲ 制作其他步骤模块

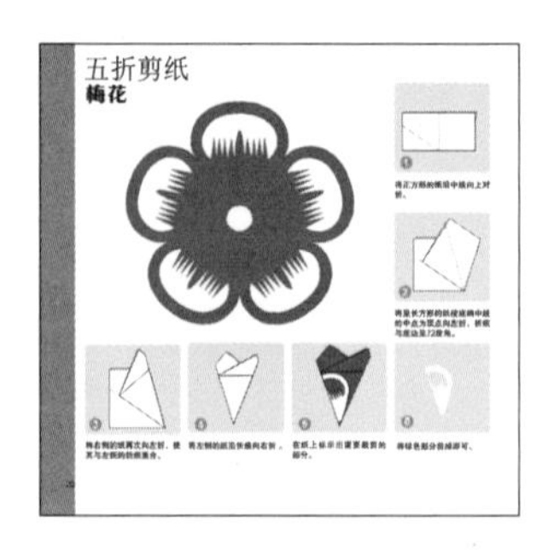

▲ 制作书眉和页脚

4. 展示《趣味剪纸》立体效果

为了便于客户查看真实的书籍装帧效果，可将装帧设计文件导出为图片，应用到立体书籍样机中，参考效果如下。

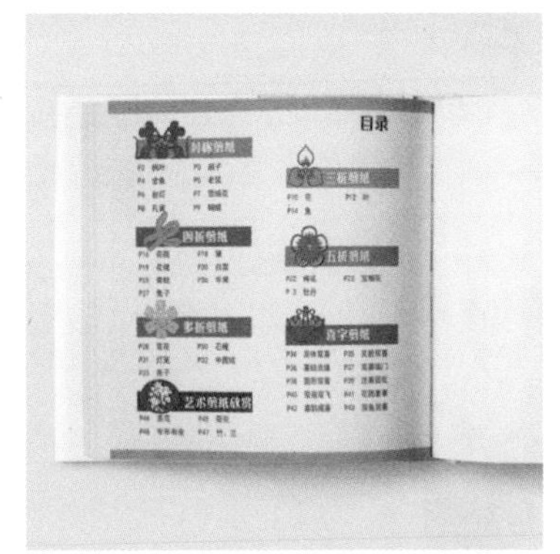

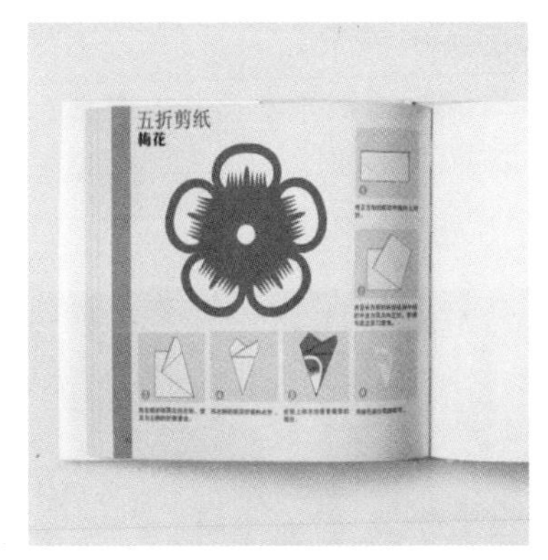

◀《趣味剪纸》立体效果参考

项目实训

某出版社推出《探秘大自然》儿童科普读物，旨在通过图文并茂的方式介绍专业而有趣的自然科普故事，培养孩子对大自然和科学的兴趣，并帮助孩子在阅读过程中提升阅读能力和实践能力，树立保护环境、珍爱生命的意识。现需要设计师根据下方提供的书籍设计基本信息单完成书籍装帧设计项目。

书名	《探秘大自然》		
作者署名	王 ××	出版社	×××× 出版社
开本尺寸	185mm×130mm	书脊厚度	20mm

ART DESIGN

设计内容	①封面：须包含书名、作者和出版社信息，以及与大自然、儿童相关的插图 ②书脊：须包含书名，延续封面背景 ③封底：须包含条形码、书籍广告语，延续书脊背景 ④前言页：须包含“前言”标题、装饰图像，以及关于本书的内容引入、内容介绍及特色等文字 ⑤目录页：须包含“目录”标题、装饰图像，列出本书的一级标题及对应页码
设计要求	整体装帧设计统一采用卡通风格，每个页面的风格和色调统一，色彩搭配活泼、亮丽，信息编排条理清晰，图像具有趣味性，视觉效果美观
配套资源	素材\项目8\背景.jpg、条形码.png、装饰.psd 效果\项目8\《探秘大自然》封面、书脊、封底.psd,《探秘大自然》前言，目录.psd

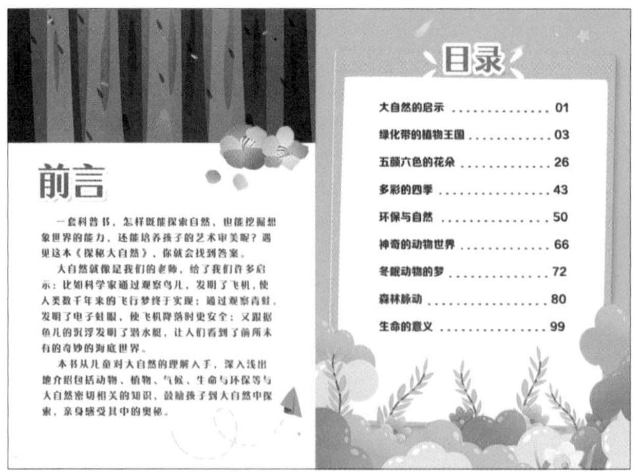

◀ 最终效果参考

知识拓展

儿童读物互动式设计的乐趣

随着多媒体的快速发展，设计师们开始思考如何提升书籍的互动性。在互动设计中，设计师应将读者视为书籍的创造者和参与者，引领读者在阅读过程中与书籍进行互动，真正将他们带入书籍的世界。

儿童读物尤其喜欢采用互动式设计，因为这种设计能够抓住孩子们喜欢参与各种事情的特点，激发他们对阅读的兴趣。在儿童读物设计中，设计师可以将纸张制作成不同形态来满足儿童的好奇心，通过折叠、粘贴纸张等，使书页的画面或内容可被触摸、移动、翻折、旋转等。这种互动式设计可为儿童读物增添阅读的乐趣和吸引力。

▲《等待的诺亚》

▲《达·芬奇发明手记》

扩展知识扫码阅读
设计基础
认识形体
透视原理
认识设计
认识构成
形式美法则
点线面
基本型与骨骼
认识色彩
认识图案
图形创意
版式设计
字体设计
>>>
>>>
>>>
设计应用
创意绘画
图标设计
装饰设计
VI设计
UI设计
UI动效设计
标志设计
包装设计
广告设计
文创设计
网页设计
H5页面设计
电商设计
MG动画设计
网店美工设计
新媒体美工设计